高等学校土木工程专业"十四五"系列教材

抢修抢建特种材料

李红英　主编

中国建筑工业出版社

图书在版编目（CIP）数据

抢修抢建特种材料 / 李红英主编．—北京：中国
建筑工业出版社，2022.9
高等学校土木工程专业"十四五"系列教材
ISBN 978-7-112-27664-6

Ⅰ.①抢… Ⅱ.①李… Ⅲ.①建筑材料-特种材料-
高等学校-教材 Ⅳ.①TU59

中国版本图书馆 CIP 数据核字（2022）第 140728 号

　　本书结合最新研究成果及工程应用，较为全面地介绍了抢修抢建材料的类别、性
能、特点及应用。全书共分为 10 章：绪论、抢修抢建特种水泥、抢修抢建特种砂浆、
抢修抢建特种混凝土、抢修抢建外加剂、纤维增强复合材料、注浆材料、防水材料、
建筑钢材在抢修抢建中的研究及应用、新型抢修抢建材料研究及应用实例。

　　本书不仅可作为高等学校土木工程专业的辅助教材，而且可供有关设计、施工、
科研等相关人员使用。

　　为了更好地支持教学，我社向采用本书作为教材的教师提供课件，有需要者可与出
版社联系，索取方式如下：邮箱 jckj@cabp.com.cn，电话（010）58337285，建工书院
http://edu.cabplink.com。

责任编辑：仕　帅　吉万旺
责任校对：赵　菲

高等学校土木工程专业"十四五"系列教材
抢修抢建特种材料
李红英　主编

*

中国建筑工业出版社出版、发行（北京海淀三里河路 9 号）
各地新华书店、建筑书店经销
北京龙达新润科技有限公司制版
北京建筑工业印刷厂印刷

*

开本：787 毫米×1092 毫米　1/16　印张：7¾　字数：189 千字
2022 年 9 月第一版　　2022 年 9 月第一次印刷
定价：**26.00** 元（赠教师课件）
ISBN 978-7-112-27664-6
（39841）

前　言

　　抢修抢建材料不仅能够满足军事工程战时快速修补加固要求，也能解决民用工程紧急修补加固难题。面对近年来日益增加的抢修抢建工程需求，人们对抢修抢建材料的类别、性能等提出了更高的要求。

　　本书根据军事工程及民用工程抢修抢建需求和特点，并结合材料发展趋势编写。本书紧密结合工程实际应用，较为全面地介绍了工程抢修抢建特种材料，包括抢修抢建特种水泥、抢修抢建特种砂浆、抢修抢建特种混凝土、抢修抢建外加剂、纤维增强复合材料、注浆材料、防水材料、建筑钢材在抢修抢建中的研究及应用等内容，并收集了新型抢修抢建材料的研究及应用方面的典型工程实例，材料品种齐全，内容丰富，实用性强。

　　本书由中国人民解放军陆军工程大学的李红英主编，王风霞、王鹏、张石磊及南京工程学院的蒋美蓉共同编写，其中第1~5章以及第7、8章由李红英编写，第6章由李红英、王鹏编写，第9章由王风霞、李红英编写，第10章由李红英、王鹏、王风霞、张石磊、蒋美蓉共同编写。

　　本书编写内容参考并引用了一些公开出版和发表的文献，为尊重原作者的著作权，主要参考文献附列于书末，在此谨向原作者表示衷心感谢。

　　由于时间和水平原因，书中难免有疏漏和不妥之处，敬请读者批评指正，以便日臻完善。

目　录

第 1 章

绪　论

1.1　土木工程抢修抢建

众所周知，土木工程在长期的使用过程中因遭受自然灾害及外力破坏，普遍存在着不同程度的破损、开裂等问题，严重影响其使用功能，甚至危及正常的生产和生活。因此，对土木工程结构的修复、加固技术及其材料的研究也越来越显示出它的重要性与必要性。

1. 土木工程抢修抢建特点

土木工程在长期自然环境和使用环境的双重作用下，其功能将逐渐减弱，这是一个不可逆转的客观规律，如果能够科学地评估这种损伤的程度和规律，及时采取有效处理修补加固措施，可以延缓工程结构的损伤进程，达到延长工程结构使用寿命的目的。一方面，我国修建于 20 世纪八九十年代的大量土木工程，由于年久失修，出现了这样或那样的病害，影响着工程的正常使用，甚至对人员安全造成严重威胁，需要对工程进行快速修补加固以保证安全可靠；另一方面，在战争及地震、洪水、火灾等各种自然灾害作用下，道路、桥梁、房屋等土木工程受到不同程度的破坏，为保证人民生命财产安全，急需对工程进行抢修加固。另外，对于正在建造中的大量土木工程而言，由于各种原因施工中也会出现诸多险情，在紧急情况下也需要对工程进行快速修补加固、排除险情，以保证工程建设正常进行。因此，土木工程的修补加固及抢修抢建越来越受到关注，并成为土木工程领域需要解决的热点问题。

目前，土木工程修补加固的发展主要包括两个方向：一是加固技术工艺的发展，二是修补加固材料的发展。工艺与材料的发展是相辅相成的，而新型修补加固材料的研究和应用更是修补加固领域要解决的首要问题。土木工程修补加固方法有很多，如果按结构基材分有砌体结构加固、混凝土结构加固、钢结构加固、木结构加固等；按修补材料分有无机材料修补、有机材料修补、复合材料修补等。由于绝大多数土木工程所用材料主要是混凝土材料，因此对于混凝土结构的修补加固是重中之重。

土木工程修补加固是一个系统工程，涉及工程结构的现状评估、修补体系的选择、修补技术的实施、修补材料的研制和使用以及修补效果评估等很多方面。在考虑修补方法与技术的诸多因素中，修补材料的选择是首要的关键步骤，无论修补工作如何细心，修补材料的不恰当使用都可以导致修补工作过早失效，因此，抢修加固中材料的选择和应用将是工程顺利实施的重要环节。当前，材料科学飞速发展，新材料日新月异，各种快速修补材料品种繁多，为了正确合理地选择使用这类材料，就需要了解修补加固材料的品种、特性、使用、检验、保管等各方面的知识。

2. 土木工程抢修抢建材料

抢修抢建材料的研究和应用不仅对军事工程、灾后抢修等土木工程具有显著意义及应用价值，在民用房屋建筑、机场跑道、桥梁码头，高速公路、市政主干道及厂房设施等工程的快速修补方面同样有着广阔的应用前景。以高速公路为例，截至 2020 年 12 月，中国高速公路总里程已达 16.1 万 km，位居全球第一，现有路面中有相当一部分需要修补，而新建路面在将来也面临着修补问题。对于高速公路、机场道面及市政主干道，在满足交通能力要求的前提下，平时维护及破损后的快速修复对保证交通畅通至关重要。另外，在工业与民用及市政工程中，道路、基础、结构的破损，需要进行紧急抢修和加固，以保证正常生产和运输；道路、桥梁及机场跑道在不中断交通条件下的紧急抢修工程，以及海港、码头的抢修抢建工程，这些紧急抢修抢建工程都需要超早强工程抢修材料，在工程抢修加固施工中，要求快速硬化，具有较高的早强强度和其他物理力学性能，以满足行人、通车、恢复交通及快速安装设备，恢复正常生产的需要。因此，抢修抢建材料的研究和应用对于土木工程抢修抢建具有深远意义，是保证工程顺利进行的前提和关键。

抢修抢建快速修补材料可按不同分类方法进行分类，从使用用途分类，主要分为结构修补材料、裂缝修补材料、注浆材料、密封材料、表面防护材料、加固材料等；从胶凝材料性质分类，主要分为水泥基胶凝材料、聚合物增强水泥基胶凝材料、聚合物胶凝材料、纤维增强聚合物材料等；从材料的性质分类，主要分为无机修补材料、有机修补材料等。

对于受损特别严重的建筑物，还需要进行受损建筑物的适修性评估，即进行建筑物加固维修的经济指标分析。结构加固材料主要包括常用的水泥纤维砂浆钢筋网、钢筋网复合砂浆、复合材料、钢材等。

为了达到快速修补和耐久的目的，土木工程修补加固在考虑工程特点、环境条件、施工方法等诸多因素时，选择快速修补加固材料主要考虑以下基本性能：

1）快凝早强

考虑抢修抢建要求，土木工程材料的原料取材、凝结硬化、施工速度等方面必须要快，以满足不同条件下抢修的特殊要求，因此，选择材料时，在满足其他性能的基础上，快速取材、快速施工、快凝早强、快速成型等方面的要求是考虑的首要问题。材料强度尤其是早期强度要高，能够快速恢复工程使用功能。

2）收缩变形小

在大多数情况下，在修补材料和基面之间胶结良好是成功修补的主要要求，准备很好且密实的基面可提供足够的粘结强度。但当胶凝材料水化形成的收缩应力及温差应力过大时就可导致材料产生裂缝，体积变形过大还会削弱抢修材料与被修补材料之间的界面粘结力。

成功的修补，特别是混凝土结构的修补，首先是修补材料和基面或底面之间有很好的粘结力。新老混凝土之间的粘结力不足在很大程度上主要是由于收缩引起的，因此修补材料必须是基本上不收缩或不引起粘结强度下降的收缩。

3）热膨胀系数接近

修补材料和现有基层材料具有相近的膨胀系数很重要，当两种热膨胀系数差异很大的材料相结合并经受很多温差变形时，不同的体积变化量会引起结合面的破坏。例如当混凝土基层修补采用聚合物材料时，由于聚合物具有较高的热膨胀系数，因此在修补中经常导致裂缝、剥落或分离，在聚合物中增加填料或骨料这种情况会大大改善。

4）渗透性好

对于混凝土基层而言，如果使用完全不渗透的材料应用于大面积修补、垫层或涂层时，潮湿的蒸汽无法渗透过涂层而聚集在基层和涂层之间，从而引起结合面破坏。例如使用不渗透的环氧树脂进行涂层修补往往造成粘结失败。因此，修补工程中，特别是灌浆、堵漏、防水等抢修工程，修补材料良好的渗透性尤为重要。

5）工作性能好

由于水泥混凝土结构的破坏部位、破坏大小、深度和裂缝宽度等存在很大的差异，因此对于工程抢修，工作性要好，施工可操作性强的重要不亚于早期强度。例如配制的水泥修补砂浆或混凝土的工作性一定要好，最好能达到自流平，这样就可以减少施工难度和程序，加快施工速度，减少抢修时间，同时又能保证施工质量。

6）环境适用性广

抢修材料要具有宽广的环境适用性，不仅能用于正常环境中，而且能用于处于高温、高湿、高原高寒等恶劣环境中的土木工程的抢修与抢建。

7）其他

对于结构加固材料而言，要满足快速取材、快速运输、快速装配、快速搭接等基本要求。

1.2 军事工程抢修抢建

1. 军事工程抢修抢建特点

战争条件下，军事工程面临打击危险，受到打击后，围岩、防护门等部位会受到严重破坏，在现代高技术条件下的防空袭作战中，军事工程的快速构筑与工程设施的抢修恢复是保证战争胜利的关键一环。为保证整个工程防御体系的安全，及时快速对军事工程进行修补、加固，对人员设备安全、保持战斗力等各方面具有重要军事意义和战略意义。

军事工程抢修抢建由于其特有的军事特征，因此具有一些显著特点：

1）抢修抢建的难度大。随着精确制导武器精度大大提高，对工程设施的重要部位进行直接打击的概率增加，可能造成工程设施瘫痪。另外，现代武器的爆破威力日益加大，对工程设施的毁伤程度加剧。因此，未来高技术战争中工程抢修抢建的规模和难度都将大大增加。

2）抢修抢建时间短、要求高。一方面高技术战争节奏快，要求被毁工程必须尽快恢复保障能力；另一方面工程设施遭受破坏的位置、毁伤程度、毁坏方式具有较大的不确定性，对工程抢修抢建的组织实施带来更大的困难，留给工程抢修的时间更短。

3）工程抢修抢建施工危险性大。一方面高技术侦察手段的应用，在工程抢修抢建过程中随时面临敌方二次打击的威胁；另一方面武器破坏形态多样化，未爆弹、钻地未爆弹、延时引爆弹及其他破坏武器的应用，使战时工程抢修抢建的实施过程中充满危险性，进一步增加了军事工程战时抢修抢建的难度。

2. 军事工程抢修抢建材料

军事工程在战时面临打击危险，工程的抢修加固将是在战时工程建设的重中之重，军事工程抢修抢建材料的正确选择和合理使用对军事工程与设施的战时保障方面具有非常重要的应用价值，特别针对机场道面及军港码头，地面、地下军事设施和指挥所工程，阵地工程，接近路、库区路、桥涵等军事工程抢修抢建具有显著的军事意义。在考虑修补方法与技术的诸多因素中，修补材料的选择和应用是首要的关键步骤，是保证工程顺利实施的重要环节。

民用土木工程抢修抢建材料要求对于军事工程的抢修抢建同样适用，只是指标要求会随着环境条件的不同而有所不同。除此之外，军事工程抢修抢建材料还应根据工程特点具有一些特殊要求：

1）就便取材。战争条件下，一些就便材料、器材可以成为抢修抢建的材料，快速用于工程的抢修抢建，例如木材、竹材、石材、黏土等。

2）良好的耐储性。众所周知，一般水泥基材料的保存时间为 3 个月，而其他一些有机修补材料虽然能够满足快速固化、早强等基本要求，但耐储备性能均较差，不适合长期储存，这些缺陷和不足对于军事工程的材料储备、材料保障、战时抢修抢建等方面会带来材料保障不足、达不到抢修抢建要求等问题，因此需要深入开展耐储材料方面的研究和应用。

3）良好的耐磨及抗冲击性能。对于机场跑道等特殊军事工程的抢修材料，在满足基本性能的同时还应具有较好的抗磨性及抗冲击性。

4）良好的耐火性及耐腐蚀性。对于导弹发射工程及"二炮"阵地工程的抢修，还要考虑材料的耐火及耐高温性能。对于岛礁等工程的抢修抢建还要考虑材料应具有良好的耐腐蚀等性能。

1.3 抢修抢建材料的分类

从当前国内外的研究情况看，已经研制成功并投入市场的修补材料已越来越多，归纳起来主要有无机类、有机类、有机改性类等。总的来说，为了解决日益复杂的原因所引起混凝土工程的各类病害，修补材料的性能也必须不断改善，从材料发展趋势来看，修补材料已从单一的水泥、砂、石成分逐渐过渡到多种外加剂、增强材的多相复合材料，并且根据修补类型的不同出现了特种修补材料，以适应实际工程中对修补材料越来越高的要求。

目前，国内外所用的主要修补加固材料主要包括以下四类。

1. 无机类修补材料

无机类修补材料是最早用于裂缝修复的，具有成本低、强度高、相容性强和施工简便等特点。无机类修补材料主体是水泥，对道面裂缝的修复作用主要靠水泥水化产生钙矾石、C-S-H 凝胶以及钙矾石成辐射状向周围生长，把修复材料和旧混凝土粘结到一起，达到修复目的。水泥基修补材料是应用较广泛的灌浆料，具有耐久性好、强度高、经济适用和施工简便等优点，采用不同类型的水泥和磨细活性掺合料可配制成不同特性的修补材料。目前国内外趋于研究和开发新型的超细和高强水泥。水玻璃是较早使用的一种无机化学材料，通过与氟硅酸、铝酸钠和硫酸铝等胶凝剂的复合，可具有良好的力学性能和修补效果。

普通硅酸盐水泥修补砂浆：由普通硅酸盐水泥、砂子、水组成，水泥与砂子的比例为1∶2～1∶4，主要用于混凝土表面不太严重的损坏修补。但随着混凝土质量的不断提高以及损坏原因的日益复杂，这种材料已难以满足要求更高的工程修补。一方面水被蒸发或是周围混凝土所吸收，使水化不充分；另一方面，其抗压强度的发展要快于与基材界面的粘结强度，造成高质量修补的假象，水泥砂浆干硬后，粘结强度的发展也趋于停止，常导致修补材料的脱落。

特种水泥砂浆及混凝土：通常以硫铝酸钙为主，添加了石膏或普通波特兰水泥以铁铝酸钙为主的第三系列水泥、磷酸镁水泥、地质聚合物水泥、氟铝酸盐等，也被用于特种功能及修补材料。它们的快凝和早强多归结于钙矾石的快速形成。这类水泥与水、集料、外加剂组份按一定比例混合搅拌后具有快硬、早强的特点，适合于修补各类建筑或抢修抢建工程。它们的水化凝结机理、施工性能、力学性能及耐久性等差异较大，有待进一步研究。

硅灰早强混凝土修补材料：南京水利科学研究院研制成功的超早强硅灰混凝土是一种可用常规方法施工，并具有超早强、耐久性好、成本较低的新型抢修材料。近年来已在公路、机场跑道、水利水电等多个领域成功应用，大大避免了重建的经济损失。硅灰混凝土是在普通混凝土中掺入约5％～15％水泥组份的硅灰，由于硅灰具有较高的活性，能与水泥水化产生的氢氧化钙发生二次火山灰反应并生成水化硅酸钙凝胶，促进了早期强度的增长。同时硅灰颗粒细小，比表面积大，掺入后使混凝土更加密实，因此硅灰混凝土具有很高的强度、耐冲蚀性、耐磨性。但是正因为硅灰颗粒过于细小，掺入后拌合物需水量较大，因此应该注意此类混凝土的收缩变形。

无机类修补材料与混凝土工程有较好的性能相容性和耐久性，在较早的时候或对修补要求不高的工程中得到了普遍使用，但随着混凝土表面损坏原因的复杂化和其质量的标准化，因为这种修补材料与基材界面的粘结强度不易保证，耐久性也较差，在混凝土修补中很容易导致修补过早失效。所以，出现了有机材料和有机无机复合修补材料，有效地改善了无机材料的粘结强度和耐久性问题。

2. 有机类修补材料

有机类修补材料是指使用聚合物高分子材料全部替代水泥作为胶结材料，与骨料结合而成的聚合物混凝土砂浆（Polymer concrete and mortars，简称PC/PM）。聚合物混凝土砂浆（PC/PM）最早在1958年美国用于生产建筑覆层。有机类修补材料主要有聚氨酯、丙烯酸酯、橡胶和沥青等几类胶黏剂。此修补材料的粘结力大、抗渗性强，具备良好的修复性能，有良好的耐久性，可提高养护速度，适用于路面、混凝土构件等薄层修复工程。有机型修补材料粘结面的界面作用力主要是有机修复材料紧挨旧混凝土界面，渗透到旧混凝土中，在修复材料干燥收缩，与老混凝土机械啮合力，形成强度。同时，旧混凝土界面水泥石中晶体分子之间相互作用，形成一定的粘结强度。

但是，由于聚合物完全代替水泥，使其与基材的相容性较差，往往会使修补材料掉落，聚合物在长期的环境作用下也容易老化，耐久性能会降低。另外，聚合物用量大，其修补工程中修补材料成本较高，此材料并没有广泛地被接受。因此，人们想到了用有机和无机材料的复合材料来修补混凝土，以此可以降低成本，也可以性能互补。

3. 有机-无机复合修补材料

聚合物改性混凝土/砂浆（PMC/PMM）则是水泥和骨料的混合料与加入的聚合物乳液或可分散的聚合物胶粉搅拌而成的有机-无机复合材料。掺入少量的聚合物，可以显著地改善砂浆和混凝土的力学性能（抗拉抗折强度、粘结性等）和耐久性能（抗冻、抗腐蚀和抗收缩性等）。有机-无机复合修补材料，当混凝土中灌入聚合物复合型修补材料后，聚合物颗粒吸附并密集在水泥水化生成的凝胶表面，堵塞毛细孔和微裂缝；同时不断扩张黏附于浆体上，形成连续的网状结构，使力学性能大大改进，阻止微裂纹的扩展。

与无机材料相比，聚合物改性混凝土/砂浆有好得多的保水性。这种作用对于高吸水性基底上施工的混凝/砂浆特别有用，使其不会因为过早或过快失去水分而使修补失效；与老混凝土有更好的粘结性；具有更高的抗折强度、抗拉强度；有更优异的耐水性、抗冻融性、耐磨性、抗冲击性；施工工艺简单、方便；可使用更薄的保护层，降低混凝土结构自重。与 PC/PM 相比 PMC/PMM 中聚合物的掺量小得多，这样对修补材料带来的负面影响相对较小，而且成本比 PC/PM 低。

用于水泥混凝土或砂浆改性的聚合物有四类：水溶性聚合物、聚合物乳液、可再分散聚合物粉料和液体聚合物。其特点如下所述。

水溶性聚合物：包括聚乙烯醇、水溶性聚丙烯酰胺、聚合物丙烯酸盐、纤维素衍生物、呋喃苯胺树脂。其特点是：用量通常较小，在水泥质量的 0.5% 以下，可提高大流动性混凝土的稠度和保水性而避免或减轻骨料的离析和泌水，但又不影响其流动性，也对硬化砂浆和混凝土强度没多大影响，能很好地应用于水下不分离混凝土、高流动度的可泵送混凝土和自密实混凝土。

聚合物乳液：包括橡胶乳液、热塑性树脂、热固性树脂乳液、沥青乳液、混合乳液。其特点是：改善水泥砂浆或混凝土工作性能，并提高其抗折强度、粘结强度、柔性、变形能力、耐磨性和耐久性，降低抗压强度、弹性模量、刚性等。

可再分散聚合物粉料：包括乙烯-乙酸乙烯共聚物、乙酸乙烯酯-支化羧酸乙烯基酯共聚物、苯乙烯-丙烯酸酯共聚物，一般是由聚合物乳液经喷雾干燥而成的，使用时只需加水搅拌即可。其特点是：物理力学性能与聚合物乳液相似、质量稳定、性能优良、品种齐全和使用方便，但其生产成本大大提高，一般按照有效聚合物含量计算，乳胶粉的市场价格比聚合物乳液的价格高 50%～100%。

液体聚合物：包括环氧树脂、不饱和聚酯树脂，在与水泥混合时还要加入固化剂。其特点是：在用于水泥砂浆和混凝土改性时，必须是在有水的状态下才能固化，且聚合物的固化反应和水泥的水化反应同时进行，能将集料粘结更为牢固。但由于其不亲水，分散不容易，与聚合物乳液相比，使用时用量要更多，因此应用于改性混凝土的情形不如其他类型聚合物。

环氧树脂类修补材料在修补工程中应用广泛，主要有环氧树脂粘结砂浆、环氧树脂粘结混凝土、环氧树脂粘结干填充料等。这类材料早期的力学性能有所降低但对长期强度没有太大影响，并且与基材有较高的粘结强度，抗渗能力较好。

聚合物浸渍混凝土/砂浆（PIC/PIM）：是指将已经水化的水泥混凝土/砂浆用聚合物

单体浸渍，随后单体在混凝土内部进行聚合而生成的复合材料。早在 20 世纪 70 年代，美、日等国使用"蓄液法"在水平面上筑围堰或在竖立面上安装密封模板。常用的可聚合物单体有甲基丙烯酸甲酯、丙烯酸甲酯、苯乙烯等，常用的预聚体有不饱和聚酯树脂和环氧树脂。PIC/PIM 具有密实、高强、抗渗、耐化学腐蚀、耐冻融、耐磨蚀等优良性能，但混凝土的浸渍须在真空条件以及加压条件下进行才比较有效，所以 PIC/PIM 生产工艺比较复杂，成本很高，至今还未很好地商业化使用。

密封类混合料修补材料：此类材料可用于防止外部环境带来的有害影响，如冻融循环、碳化、硫酸盐侵蚀、氯离子侵蚀等多种破坏作用，常用材料有甲基丙烯酸密封混合料、烷基-烷氧基硅氧烷粘结混合料等。甲基丙烯酸密封混合料应与引发剂、促进剂共同掺入，其掺量分别约为 5% 和 2%。经烷基-烷氧基硅氧烷粘结混合料处理的混凝土有较好的抗渗性，可以有效防止水的渗透。当用这种材料修补时，经液体载体蒸发固体沉积就可以得到修补效果。但这类材料多为有机类，不宜用于多变的外部环境中。有机物的掺入改善了修补材料的诸多性能，如抗渗性、密实性、拌合物和易性、耐化学腐蚀性等，提高了材料的粘结强度、抗拉强度。但是带来的问题是材料的老化、变形不一致性、有毒性等。如何解决这些问题是使有机、无机类材料更好复合的瓶颈。

4. 结构加固材料及加固技术

工程结构一般在使用一定时间后会出现各种破损或质量问题，如混凝土结构的粉化、疏松、剥落、开裂和钢筋锈蚀等，需要及时进行修补加固；而在特殊时期（战时）如遭受突然打击破坏情况下，对于受损特别严重的建筑物，需要对结构进行快速加固。通常采用的修补加固材料主要包括高强钢筋、钢板、角钢、混凝土预制构件及纤维增强复合材料（FRP）等。

目前，在建筑工程中针对混凝土结构常用的结构加固方案主要有以下五种：

1）置换混凝土加固法

置换混凝土加固法是一种传统的对混凝土进行加固改造的设计方法，该方法适用于承重构件受压区混凝土强度过低或构件局部混凝土因施工不当或混凝土自身缺陷等因素造成的承载力不足的工程问题。

采用置换混凝土加固法对原构件进行加固需对其进行有效的支撑等卸载手段，然后对局部缺陷混凝土分块凿除并采用新的混凝土填补凿除部分。施工较方便、工程量小、几乎不改变原结构截面积，适用于对净空要求严格的构件的加固。缺点在于在凿除缺陷混凝土前需对结构进行有效的支撑保护、不能精确控制凿除混凝土的量、在凿除缺陷混凝土的同时可能会对原构件钢筋造成损害。使用该方法还必须注意置换混凝土界面处不能出现拉应力，否则可能会产生不可预估的工程事故。

2）外粘型钢加固法

外粘型钢加固法是用高性能环氧类结构胶把不同类型的型钢粘贴在混凝土构件表面，使型钢和混凝土构件形成良好的结合体，充分利用混凝土和钢材强度，以提高承载能力和刚度。该加固方法适用于截面承载能力和抗震能力需求较高的梁和柱的加固。

该方法的优点是不会对原构件造成损伤且能够让原构件的性能得到发挥，此外对结构自重、净空的占用和原构件外观等方面几乎不产生影响，易于施工。由于结构胶性能的限制，使得该加固法在环境潮湿以及防火性能要求较高时不适用。

3）体外预应力加固法

体外预应力加固法是在待加固构件外面采用外加预应力钢绞线或者型钢撑杆对结构加固的方法，适用于连续梁、大跨度简支梁和柱的加固。

体外预应力加固法施工工艺简单，加固效率高，混凝土和钢材的性能得到充分的发挥，但长期使用环境温度要求不超过 60℃，并且需对预应力钢材进行妥善的防锈蚀处理。

4）绕丝加固法

绕丝加固法是将直径为 4mm 经退火处理过的冷拔钢丝绕在待加固构件四周与构件侧面竖直中线平贴的专设钢筋上，然后在表面做浇筑混凝土或喷射水泥砂浆等保护措施，使钢丝层和原构件形成一个共同受力构件的方法。

钢丝缠绕的作用类似于普通钢筋混凝土构件的螺旋箍筋，它能够很好地约束构件受力后核心混凝土向外膨胀的趋势，使原构件处于三向受力状态，从而使其变形能力得到改善，改善混凝土构件的脆性。其优点是施工方便，对空间占用率低，对构件自重影响较小，无需胶黏剂，成本低；缺点是对提高原构件承载能力不足，适用于抗震要求较高的构件的维修加固。

5）增大截面加固法

增大截面加固法是在原构件某侧或四周采用现浇混凝土、自密实混凝土或喷射混凝土加新增受力钢筋的方式使原构件的截面面积提高，使新旧混凝土形成统一的、协同工作的整体，以增强原结构的强度、刚度和稳定性的加固方式。

该方法适用于所有受压或受弯的梁、板、柱等混凝土强度等级不低于 C15 的钢筋混凝土构件的加固维修。新旧混凝土之间的粘结是增大截面法的关键。其具有施工工艺简单、应用范围广泛、防火性能好及承载力提高显著等优点。

采用增大截面法需对原构件表面进行凿毛处理，清理干净旧混凝土表面松散的骨料颗粒。除此之外，还需在原构件表面涂刷结构胶或种植剪切销钉来保证新旧混凝土之间的粘结强度。缺点是施工现场湿作业大，对截面尺寸、外观以及净空的影响都较大。影响增大截面法加固效果的因素有原结构的受力情况和应力水平、加固钢筋的配筋率、加固层材料强度以及加固层厚度等。

1.4 抢修抢建材料存在的问题

目前，国内外主要的抢修加固材料从其材质来分类，主要有有机材料、无机材料及有机-无机复合材料等，不同的修补材料各有优缺点，适用于不同的抢修抢建工程，但常用的几类抢修材料都存在各自的不足。例如，水泥基修补材料虽然应用广泛，但养护时间长，修补加固慢，并且新旧混凝土的界面粘结力不足。特种水泥类修补材料的出现解决了普通水泥类修补材料的缺陷，特种水泥类虽然早期强度高，但是后期强度发展慢，甚至会存在强度倒缩问题。有机类聚合物修补材料容易老化，强度会有所下降，并且其弹性模量和膨胀系数与基体的差异太大。对于有机与无机复合类修补材料而言，该材料力学性能优异，新旧材料界面粘结能力强，但是造价较高，仅仅局限于小范围的修补，不适用于大面积的工程修补。

目前，抢修抢建修补材料主要存在以下问题：

1）在大部分抢修抢建工程中，仍普遍采用普通混凝土或砂浆作为修补材料，这类无机材料粘结强度低，易造成界面粘结不牢开裂而导致混凝土再度损坏等质量问题。

2）针对粘结强度低的问题，出现了越来越多以有机类为主的修补材料，如常用的环氧树脂、聚氨酯、丙烯酸等。虽然有机高分子材料的使用显著提高了修补材料与基材的粘结性，但同时也出现了弹性模量、热膨胀系数与基材不一致带来的一系列问题，从而导致脱落或者使粘结过渡区成为易受蚀部位。

3）国内对于修补材料还没有完善的国家标准，也未实现测试与评价方法的统一化，若能将各类修补材料择其优运用于实际过程中，既能满足修补要求，又能经济最大化，还要进一步深入研究和推广应用。

4）随着国内外有关混凝土结构修补、加固方面的材料和技术发展不断进步，修补材料的种类和品种越来越多，但总体来说，我国在混凝土结构修补、加固及防护等方面，没有形成专有技术与材料的配套系列。

5）对于结构的补强加固研究较少，对结构补强材料的选择、结构计算分析及工程实际应用等方面研究和应用还不太深入，可以借鉴的工程实例较少，还没有形成较全面的国家标准规范体系。

第 2 章

抢修抢建特种水泥

特种水泥是混凝土结构最主要的抢修抢建材料。由于常用的硅酸盐类水泥（包括硅酸盐水泥、普通硅酸盐水泥、粉煤灰硅酸盐水泥、火山灰硅酸盐水泥、矿渣硅酸盐水泥及复合硅酸盐水泥等）凝结硬化速度较慢，在抢修抢建工程修补中的应用受到一定限制，因此在土木工程抢修抢建中特种快硬类水泥成为首选的水泥类抢修抢建材料。

2.1 特种水泥的定义和分类

目前对特种水泥的定义还没有一个十分明确方法。习惯上，把硅酸盐水泥、普通硅酸盐水泥、矿渣硅酸盐水泥、火山灰硅酸盐水泥、粉煤灰硅酸盐水泥和复合硅酸盐水泥六大类用于常规建筑工程的水泥称为通用水泥，将其他具有特殊性能和用途的水泥统称为特种水泥。因此，通常认为特种水泥是指具有某些特殊性能或特种功用的水泥，特种水泥是与通用水泥相比较而言的。

特种水泥品种繁多，分类复杂，可概括为有快硬高强要求的水泥、有更好耐久性要求的水泥和有其他特殊要求的水泥三大类。目前，常用的分类方法有三种。一种是以水泥所具有的特性进行分类，如快硬高强水泥、膨胀和自应力水泥、耐高温水泥、低水化热水泥等；这种方法对某些特殊工程用途的水泥并不适用，比如道路水泥、油井水泥等，性能上有较多特色，难以用单一的特性来命名。另一种是按水泥用途分类，如油井水泥、装饰水泥、道路水泥等，这种方法对某些特性水泥，如快硬高强水泥等用途广泛的水泥品种，很难用单独的用途分类。因此，这两种方法都不能包括所有的特种水泥。第三种分类方法是按水泥主要矿物所属体系进行分类，可分为硅酸盐、铝酸盐、硫铝酸盐、铁铝酸盐、氟铝酸盐和其他六个体系，这种分类方法能够包括迄今为止所有的特种水泥，但是，它不能表现出特种水泥区别于通用水泥的特点。因此，可以将前两种分类方法结合起来，把特种水泥按其特性或用途主要分为快硬高强水泥、膨胀和自应力水泥、低水化热水泥、油井水泥、装饰水泥、耐高温水泥和其他水泥七大类，见表 2-1。

特种水泥分类　　　　　　　　　　　　表 2-1

种类	硅酸盐	铝酸盐	氟铝酸盐	硫铝酸盐	铁铝酸盐
快硬高强水泥	快硬硅酸盐水泥	高铝水泥、特快硬调凝铝酸盐水泥	抢修水泥、快凝快硬氟铝酸盐水泥	快硬硫铝酸盐水泥	快硬高铁硫铝酸盐水泥
膨胀和自应力水泥	膨胀硅酸盐水泥、无收缩快硬硅酸盐水泥、明矾石膨胀硅酸盐水泥、自应力硅酸盐水泥	膨胀铝酸盐水泥、自应力铝酸盐水泥		膨胀硫铝酸盐水泥、自应力硫铝酸盐水泥	膨胀铁铝酸盐水泥、自应力铁铝酸盐水泥
低水化热水泥	中热硅酸盐水泥、低热矿渣硅酸盐水泥、低热粉煤灰硅酸盐水泥、低热微膨胀水泥、抗硫酸盐硅酸盐水泥				
油井水泥	A、B、C、D、E、F、G、H 级油井水泥				
装饰水泥	白色硅酸盐水泥、彩色硅酸盐水泥				
耐高温水泥		高铝水泥、高强高铝水泥、超早强铝酸盐水泥			
其他	道路硅酸盐水泥、砌筑水泥、钡水泥、锶水泥	含硼铝酸盐水泥、贝利特铝酸盐水泥	锚固水泥	低碱水泥、贝利特硫铝酸盐水泥、含钡硫铝酸盐水泥	

2.2　特种水泥在抢修抢建中的重要地位

水泥是建筑工业三大基本材料之一。在人类社会发展过程中，水泥在公路、桥梁、大坝、隧道、机场、码头、工业与民用建筑等方面广泛、大量地使用，已成为人类社会物质生产和文化生活的基础。但是，在土木工程特别是军事工程抢修抢建建设中，通用水泥难以满足工程或特殊工程的性能和施工要求。因此，特种水泥的研究、开发和应用具有十分重要的意义。

特种水泥的研制和工程应用，使特殊工程的建设成为可能，特种水泥以其优异的性能能够直接满足工程需要。快凝类特种水泥能够满足紧急抢修抢建工程急需；快硬高强水泥能够满足高强、大跨结构在建设中对材料的要求；具有耐腐蚀性能的水泥能够延长处于海水、地下水及其他侵蚀环境中工程的服务年限；由于膨胀水泥克服了通用水泥干缩开裂的缺点，能够满足水电工程及其他防渗堵漏工程对材料的特殊需求；在抢险堵漏工程中快硬类水泥发挥着不可代替的重要作用；还有其他各种专用工程水泥，如油井水泥、道路水泥等具有多种性能优势，直接服务于油井、道路等专项工程。

特种水泥的使用不仅直接满足工程需要，而且带来了多方面的间接效益。例如，应用快硬高强水泥配置高强混凝土，不仅直接满足工程强度需要，而且可以减小建筑物截面尺寸，这对于结构物来说，意味着降低结构自重，减轻地基基础的负担；对建筑工程来说，意味着增加使用面积或有效空间；对桥梁工程来说，意味着增加桥下净空或降低两岸路堤标高；对地下工程来说，意味着减少岩土开挖量，减少工程量。所有这些间接的优越性或效益，往往比提高工程强度显得更为重要。又如，快硬类水泥材料在机场道面、道路抢修中发挥着重要作用，不仅可以快速凝结硬化，产生强度，更重要的是能够保证短时间内通车，保证人民生命财产安全，大大提高经济效益。

特别是在军事工程建设中，特种水泥有着其他建筑材料（包括通用水泥）不可替代的优越性，特种水泥的发展和应用对于军事工程抢修抢建的顺利进行，保证工程安全、正常使用具有十分重要的意义。

目前，我国正处在特种水泥需求量将成倍增长时期，尤其是一些供不应求的特种水泥的生产，如快硬高强水泥、水工水泥等。特种水泥有着广阔的应用前景，但其实际应用还存在较多的问题，还需扩大特种水泥在工程中的用量和使用范围，以进一步促进生产。总的说来，特种水泥的发展，一方面要致力于理论研究，丰富水泥材料科学理论体系；另一方面要加强生产和应用，提高经济效益，并且使这两方面相互促进，共同发展，形成现代化的特种水泥工业体系，更充分地发挥其在国民经济及军事工程中的重要作用。

2.3　快硬类水泥

普通硅酸盐水泥的主要缺点是早期强度偏低，强度发展较为缓慢，对于紧急抢修抢建工程，快硬高强水泥一直是水泥研究的主要方向，是工程中必不可少的抢修材料之一。近30年来，快硬类水泥的研究、生产和应用迅速发展，出现了诸如快硬普通硅酸盐水泥、高铝水泥、快硬硫铝酸盐水泥、快硬铁铝酸盐水泥、双快水泥、土聚水泥及磷酸盐水泥等不同类型的快硬类水泥，在工程中得到广泛应用，大大解决了抢修抢建工程的材料急需。

在快硬类水泥的发展过程中，高铝水泥在过去很长一段时间里，被认为是一种具有较好早强性能的水泥，这种水泥比快硬硅酸盐水泥有更高的早期（1d）强度，且具有一定的耐高温性、良好的抗硫酸盐及抗海水侵蚀性能，但其长期强度不稳定，耐碱性极差。另外，高铝水泥由于水化时放热量大以及高温会发生转晶反应，所以不能用于大体积混凝土及高温施工，因此，高铝水泥的使用受到了一定的限制，但在抢修抢建工程中仍然是广泛使用的一类快硬类水泥。20世纪60～70年代，出现了快凝快硬水泥（简称双快水泥）以及快硬硫铝酸盐水泥，其特点是凝结快、小时强度高，主要适用于快硬早强工程、低温工程、抢修堵漏工程以及自应力水泥制品的制备等，但该类水泥易风化及表面起粉，若养护不当易形成表面裂纹。另外，快硬硫铝酸盐水泥在负温情况下早期强度发展较慢，虽然可以同时加入防冻剂及早强剂以增加水泥早期负温环境下的强度，但其强度发展并不能满足紧急工程及战时军事工程设施的快速抢修抢建的要求。20世纪80年代起，土聚水泥的优良特征逐渐被人们所认识并得到广泛的研究，但土聚水泥的高碱性可能会发生碱骨料反应，加上土聚水泥的碱组份通常是液态的水玻璃，不利于运输且施工工序较为复杂，因此这类快硬水泥的应用也受到一定限制。常用快硬类水泥的性能如表2-2所示。

快硬类水泥的性能比较 表2-2

水泥品种	主要矿物组成	优点	缺点
快硬硅酸盐水泥	硅酸三钙、铝酸三钙等	早强较高，1d强度达15MPa以上，水化热高	早期干缩率较大
高铝水泥	铝酸一钙及其他铝酸盐等	早强高，12h强度可达29MPa以上，抗冻性好	耐碱性极差，长期性能不稳定，存放时间短，小时强度低
快硬硫铝酸盐水泥	无水硫铝酸钙、硅酸二钙等	早强高，1d强度可达35MPa以上，耐硫酸盐侵蚀好	易起粉、易产生裂纹，存放时间短，小时强度低，不耐高温，负温强度低
快硬高铁硫铝酸盐水泥	无水硫铝酸钙、硅酸二钙等	早强高、耐海水腐蚀、抗盐侵蚀性强	产量低，存放时间短
氟铝酸盐水泥	氟铝酸盐、硅酸二钙等	硬化很快，小时强度高，1h强度可达30MPa	产量低，存放时间短
磷酸盐水泥	磷酸盐等	早强高，1h强度可达到20～40MPa，抗冻性好	不耐潮湿环境，强度倒退较大，凝结过快
土聚水泥	铝硅酸盐等	快硬早强，耐硫酸盐侵蚀好	高效激发剂多为液体，掺量大，水化体系碱性偏大

1. 快硬硅酸盐水泥

快硬硅酸盐水泥是快硬类水泥中研究和生产最早的品种，其生产和使用历史已超过半个世纪。快硬硅酸盐水泥的组成和生产技术与硅酸盐水泥没有本质上的区别，其理论研究和生产实践基本上是以硅酸盐水泥为基础的。凡以硅酸盐水泥熟料和适量石膏磨细制成的，以3d抗压强度表示强度等级的水硬性胶凝材料，称为快硬硅酸盐水泥（简称快硬水泥）。

快硬硅酸盐水泥的制造方法与硅酸盐水泥基本相同，主要依靠调节矿物组成及控制生产措施，使制得成品的性质符合要求。

熟料中硬化最快的矿物成分是铝酸三钙和硅酸三钙。制造快硬水泥时，应适当提高它们的含量，通常硅酸三钙为50%～60%，铝酸三钙为8%～14%，铝酸三钙和硅酸三钙的总量应不少于60%～65%。为加快硬化速度，可适当增加石膏的掺量（达8%）或提高水泥的粉磨细度，通常比表面积为3000～4000cm^2/g。

细度：0.08mm方孔筛，筛余量不得超过10%。

凝结时间：初凝不得早于45min，终凝不得迟于10h。

体积安定性：三氧化硫不超过4.0%，其他与硅酸盐水泥同。

由于快硬硅酸盐水泥的比表面积大，在储存和运输过程中容易风化，一般储存期不应超过一个月。由于水泥细度高，水化活性高，硅酸三钙和铝酸三钙的含量较高，因此快硬硅酸盐水泥的水化热较高。快硬水泥的早期干缩率较大，水泥石比较致密，不透水性和抗冻性往往优于普通水泥。

快硬硅酸盐水泥的应用广泛，主要适用于要求早期强度高的工程、紧急抢修的工程、抗冲击及抗震性工程，冬期施工，制作混凝土及预应力混凝土预制构件。在抢修抢建工程、军事工程及紧急抢险工程中，快硬硅酸盐水泥是应用最广泛的快硬类水泥之一。

2. 铝酸盐水泥

铝酸盐水泥是以铝矾土和石灰石为原料，经煅烧（或熔融状态），得到以铝酸钙为主、氧化铝含量大于 50％的熟料，磨制的水硬性胶凝材料。它是一种快硬、高强、耐腐蚀、耐热的水泥。快硬铝酸盐水泥又称高铝水泥。

铝酸盐水泥的主要矿物成分为铝酸一钙（$CaO \cdot Al_2O_3$ 简写 CA）及其他的铝酸盐，如 $CaO \cdot 2Al_2O_3$（简写 CA_2）、$2CaO \cdot 2Al_2O_3 \cdot SiO_2$（简写 C_2A_2S）、$12CaO \cdot 7Al_2O_3$（简写 $C_{12}A_7$）等，有时还含有很少量 $2CaO \cdot SiO_2$ 等。

铝酸盐水泥的水化和硬化，主要就是铝酸一钙的水化及其水化物的结晶情况。一般认为其水化反应随温度的不同而水化产物不相同。

在一般条件下，水化产物 CAH_{10} 和 C_2AH_8 同时形成，一起共存，其相对比例则随温度的提高而减少。但在较高温度（30℃以上）下，水化产物主要为 C_3AH_6。水化物 CAH_{10} 和 C_2AH_8 都属六方晶系，具有细长的针状和板状结构，能互相结成坚固的结晶连生体，形成晶体骨架。析出的氢氧化铝凝胶难溶于水，填充于晶体骨架的空隙中，形成较密实的水泥石结构。铝酸盐水泥水化 5～7d 后，水化铝酸盐结晶连生体的大小很少改变，故铝酸盐水泥初期强度增长很快，而以后强度增长不显著。

铝酸盐水泥常为黄褐色，也有呈灰色的。铝酸盐水泥的密度和堆积密度与普通硅酸盐水泥相近。按国家标准《铝酸盐水泥》GB/T 201—2015，铝酸盐水泥根据 Al_2O_3 含量百分数分为 CA-50、CA-60、CA-70 和 CA-80 四类。其中 CA-50 根据强度分为 CA50-Ⅰ、CA50-Ⅱ、CA50-Ⅲ、CA50-Ⅳ；CA-60 根据主要矿物成分分为 CA60-Ⅰ、CA60-Ⅱ。

细度：比表面积不小于 $300m^2/kg$ 或 0.045mm 筛余不大于 20％。

凝结时间：CA-50、CA-70、CA-80 的胶砂初凝时间不得早于 30min，终凝时间不得迟于 6h；CA-60 的胶砂初凝时间不得早于 60min，终凝时间不得迟于 18h。

铝酸盐水泥水化热大，且放热量集中。1d 内放出的水化热为总量的 70％～80％，使混凝土内部温度上升较高，即使在 －10℃下施工，铝酸盐水泥也能很快凝结硬化，可用于冬期施工的工程。

铝酸盐水泥在普通硬化条件下，由于水泥石中不含铝酸三钙和氢氧化钙，且密实度较大，因此具有很强的抗硫酸盐腐蚀作用。

铝酸盐水泥具有较高的耐热性，如采用耐火粗细骨料（如铬铁矿等）可制成使用温度达 1300～1400℃的耐热混凝土。

强度：铝酸盐水泥凝结硬化速度快，1d 强度可达最高强度的 80％以上。各类型水泥各龄期的强度值不得低于表 2-3 所列数值。但铝酸盐水泥的长期强度及其他性能有降低的趋势，长期强度约降低 40％～50％。

铝酸盐水泥各龄期强度要求   表 2-3

水泥类型		抗压强度（MPa）				抗折强度（MPa）			
		6h	1d	3d	28d	6h	1d	3d	28d
CA-50	CA50-Ⅰ	≥20	≥40	≥50		≥3.0	≥5.5	≥6.5	
	CA50-Ⅱ		≥50	≥60			≥6.5	≥7.5	
	CA50-Ⅲ		≥60	≥70			≥7.5	≥8.5	
	CA50-Ⅳ		≥70	≥80			≥8.5	≥9.5	

水泥类型		抗压强度（MPa）				抗折强度（MPa）			
		6h	1d	3d	28d	6h	1d	3d	28d
CA-60	CA60-Ⅰ		≥65	≥85			≥7.0	≥10.0	
	CA60-Ⅱ		≥20	≥45			≥2.5	≥5.0	≥10.0
CA-70			≥30	≥40			≥5.0	≥6.0	
CA-80			≥25	≥30			≥4.0	≥5.0	

铝酸盐水泥具有快凝、早强、高强、低收缩、耐热性好和耐硫酸盐腐蚀性强等特点，但高铝水泥的水化热大、耐碱性差、长期强度会降低，因此铝酸盐水泥不宜用于长期承重的结构及处在高温高湿环境的工程中，它只适用于紧急军事工程（筑路、桥）、抢修工程（堵漏等）、临时性工程，以及配制耐热混凝土等。

另外，铝酸盐水泥与硅酸盐水泥或石灰相混不但产生闪凝，而且由于生成高碱性的水化铝酸钙，使混凝土开裂，甚至破坏。因此，施工时除不得与石灰或硅酸盐水泥混合外，也不得与未硬化的硅酸盐水泥接触使用。

3. 快硬硫铝酸盐水泥

快硬硫铝酸盐水泥是我国 20 世纪 70～80 年代发明的，生产硫铝酸盐水泥熟料热耗低、易磨性好，因此是一种节能水泥。凡以适当成分的生料，经煅烧所得以无水硫铝酸钙和硅酸二钙为主要矿物成分的熟料，加入适量石膏磨细制成的早期强度高的水硬性胶凝材料，称为快硬硫铝酸盐水泥。

快硬硫铝酸盐水泥的主要成分为无水硫铝酸钙 $[3(CaO \cdot Al_2O_3) \cdot CaSO_4]$ 和 β 型硅酸二钙（β-C_2S）。无水硫铝酸钙水化很快，早期形成大量的钙矾石和氢氧化铝凝胶，使快硬硫铝酸盐水泥获得较高的早期强度。β-C_2S 是低温（1250～1350℃）烧成的，活性较高，水化较快，能较早地生成 C-S-H 凝胶，填充于钙矾石的晶体骨架中，使硬化体有致密的结构，促进强度进一步提高，并保证后期强度的增长。

快硬硫铝酸盐水泥早期强度高，密度较硅酸盐水泥低得多，初凝 30～50min，终凝 40～90min，水化热约 190～210kJ/kg。

硫铝酸盐水泥的两个独特特点是负温硬化和碱度低，在低温下（－25～－15℃），仍可水化硬化，这对加速模板周转或冬期施工的各种混凝土制品和现浇混凝土工程有重要意义，这种水泥曾成功地应用于南极长城站的建设中。

液相碱度低（pH 值为 10.5～11.5），可用来与耐碱玻璃纤维相匹配，生产耐火性好的玻璃纤维增强水泥制品。同时，由于低碱特性，有利于开发以此水泥为基准材料的彩色水泥，并改善泛白现象。此外，液相碱度低，使硫铝酸盐水泥性能相应地显示出自己的一些弱点，例如，在钢筋混凝土成型早期，水泥对钢筋有轻微锈蚀，但以后不继续发展，没有危险性；又如，混凝土表面有"起砂"现象，如果施工早期能很好养护和加强抹面，此现象可得以克服。此外，钙矾石在 150℃ 以上会脱水，强度大幅度下降，故耐热性较差。

硫铝酸盐水泥自由膨胀率低。低碱硫铝酸盐水泥 28d 自由膨胀率小于 0.1%，快硬硫铝酸盐水泥 28d 自由膨胀率小于 0.07%，以该水泥配制的混凝土有良好的抗裂性和抗渗性能，在地下工程的抗渗混凝土和接头接缝混凝土中是理想的胶凝材料。

硫铝酸盐水泥混凝土结构较致密，因此其抗渗性较好，是同强度等级普通水泥混凝土的2～3倍，适合用于防水抗渗工程。

根据《硫铝酸盐水泥》GB/T 20472—2006，快硬硫铝酸盐水泥以3d抗压强度划分为42.5、52.5、62.5、72.5四个强度等级，各龄期强度均不得低于表2-4的数值，水泥中不允许出现游离氧化钙，比表面积不得低于380m²/kg，初凝不早于25min，终凝不迟于3h。袋装水泥保质期为45天。

快硬硫铝酸盐水泥各龄期的强度要求　　　　　　　　　表2-4

强度等级	抗压强度（MPa）			抗折强度（MPa）		
	1d	3d	28d	1d	3d	28d
42.5	30.0	42.5	45.0	6.0	6.5	7.0
52.5	40.0	52.5	55.0	6.5	7.0	7.5
62.5	50.0	62.5	65.0	7.0	7.5	8.0
72.5	55.0	72.5	75.0	7.5	8.0	8.5

硫铝酸盐水泥水化时生成大量的钙矾石，而钙矾石的析晶特点决定了水泥的凝结时间比较短。但硫铝酸盐水泥的凝结时间过短，初凝时间一般在5～15min，不利于现场施工过程中浇筑及振捣。在一般工程中为了便于施工，可采取相应措施延缓硫铝酸盐水泥凝结。延缓硫铝酸盐水泥凝结时间的有效方法是掺入适量的缓凝组份，常见的缓凝组份包括柠檬酸、葡萄糖酸钠、硼酸等缓凝剂以及矿物掺合料。例如常用的缓凝剂硼酸，通过在颗粒表面形成硼酸钙包裹层，使水分难以进入，从而抑制水化反应，延迟钙矾石的形成，但硼酸效果往往不稳定，复掺硼酸和硫酸铝制备的新型缓凝剂性能较好，不仅能调节凝结时间，而且对硫铝酸盐水泥的早期强度影响较小，且能提高后期强度。

快硬硫铝酸盐水泥具有快凝、早强、不收缩的特点，宜用于配制早强、抗渗和抗硫酸盐侵蚀等混凝土，负温施工（冬期施工）、喷锚支护、抢修、堵漏、水泥制品、玻璃纤维增强水泥（GRC）制品及一般建筑工程。配制的混凝土抗渗性和抗裂性能好，长期强度稳定增长，且耐久性良好，是飞机跑道、铁路、港口、路桥、码头、水坝、油井的建设和普通建筑地下工程及冬期施工非常重要的功能性材料，在抢修抢建工程及紧急军事工程设施建设中应用效果良好。

4. 快硬高铁硫铝酸盐水泥

快硬高铁硫铝酸盐水泥是在硫铝酸盐水泥基础上发展起来的一种新型快硬早强水泥。高铁硫铝酸盐水泥从理论和实践上实现了我国铁铝酸盐水泥类特种水泥的突破，开辟了一个新品种水泥系列。

以适当成分的生料，经燃烧所得以无水硫铝酸钙、硅酸二钙和铁铝酸钙为主要矿物成分的水泥熟料和石灰石、适量石膏共同磨细制成的，具有早期强度高的水硬性胶凝材料，称为快硬高铁硫铝酸盐水泥。

根据行业标准《快硬高铁硫铝酸盐水泥》JC/T 933—2019，快硬高铁硫铝酸盐水泥初凝不早于25min，终凝不迟于180min。以3天抗压强度划分为42.5、52.5、62.5、72.5四个强度等级。快硬高铁硫铝酸盐水泥各龄期的强度要求如表2-5所示。袋装水泥保质期为45天。

表 2-5

高铁硫铝酸盐水泥各龄期的强度要求

强度等级	抗压强度（MPa）			抗折强度（MPa）		
	1d	3d	28d	1d	3d	28d
42.5	≥33.0	≥42.5	≥45.0	≥6.0	≥6.5	≥7.0
52.5	≥42.0	≥52.5	≥55.0	≥6.5	≥7.0	≥7.5
62.5	≥50.0	≥62.5	≥65.0	≥7.0	≥7.5	≥8.0
72.5	≥56.0	≥72.5	75.0	≥7.5	≥8.0	≥8.5

快硬高铁硫铝酸盐水泥具有早强和高强特性，长期强度可靠，还具有很好的耐海水侵蚀性能。快硬高铁硫铝酸盐水泥水化后的液相碱度较高，pH 值为 11.5～12.5，对钢筋不会锈蚀，也不会发生像硫铝酸盐水泥那样的"起砂"现象，加之较多数量的铁胶和铝胶的存在，致使其混凝土制品具有良好的耐海水冲刷性能。快硬高铁硫铝酸盐水泥同硫铝酸盐水泥一样，具有良好的负温特性。

快硬高铁硫铝酸盐水泥由于其特殊的结构，具有早强高、凝结快、碱度低、能低温硬化、抗盐侵蚀性强等特点，硬化后水泥石结构致密，体系内大孔较少，总体孔隙率小，远优于普通硅酸盐水泥，大大增强了对海水中有害离子侵入的抵抗性，此外通过改性和优化配合比可以改善混凝土的性能，因此，被称为"最理想的海洋工程用水泥品种"。研究快硬高铁硫铝酸盐水泥海工混凝土对于海洋开发、海工建设，有很大的战略意义，在重大混凝土工程的耐久性提升、重大突发灾难的应急抢修抢建等方面可发挥重要作用。特别是在岛礁、海港等工程建设中，快硬高铁硫铝酸盐水泥以其优良的性能获得广泛应用。

5. 快硬氟铝酸盐水泥

快硬氟铝酸盐水泥是以矾土、石灰石、萤石（或再加石膏）经配料煅烧，以氟铝酸钙（$C_{11}A_7 \cdot CaF_2$）和硅酸二钙（C_2S）为主要矿物的熟料，加入适量的天然硬石膏和矿渣共同粉磨而成的具有凝结硬化快、强度增长以小时计算的一种新型特种水泥。氟铝酸盐水泥又称双快水泥（快凝快硬），有"小时水泥"之称。

N. R. Creening 于 1969 年研制成功的调凝水泥，主要是在硅酸盐水泥熟料中引入了氟铝酸钙 $C_{11}A_7 \cdot CaF_2$，日本引入上述专利并有所发展，研制并生产了以 C_2S 和 $C_{11}A_7 \cdot CaF_2$ 为主要矿物组成的"超速硬水泥"。我国于 20 世纪 70 年代末开始研制快硬氟铝酸盐水泥，水泥凝结时间可根据施工需要用缓凝剂调节，该水泥相当于美国的调凝水泥、日本的超速硬水泥、德国的速凝水泥。该水泥还具有微膨胀、低温条件强度发挥正常及长期强度稳定正常等优点。

氟铝酸盐水泥的技术性能主要包括以下五个方面：

1）凝结硬化快，小时强度高

凝结硬化快、小时强度高是氟铝酸盐水泥的最主要特点。在一般温度下（约 20℃），不掺缓凝剂时，水泥初凝 1～2min，终凝 2～5min。

水泥凝结时间可用缓凝剂调节，可使混凝土有 20～60min 的可施工时间。这种水泥的净浆强度 1h 可达 30MPa，3h 达 42MPa，12h 达 80MPa；水泥胶砂 1h 强度大于 20MPa，4h 强度大于 30MPa；混凝土 4h 强度大于 20MPa。可外加缓凝剂调节凝结时间。

2）低温性能好

快硬氟铝酸盐水泥在低温下具有较高的小时强度，主要是由于这种水泥水化放热迅速集中，4h 内放出的水化热为 7d 的 75%～80%，因此即使在低温下，小时强度也能得到很好的发挥。

3）长期强度高，稳定性好

由于氟铝酸盐水泥的主要水化产物是三硫型水化硫铝酸钙（钙矾石）、水化氧化铝凝胶和水化硅酸钙凝胶，水化产物稳定，不存在强度下降问题，因此，用这种水泥配制的混凝土的长期强度随龄期延长而增长。

4）耐蚀性能好

氟铝酸盐水泥具有非常好的耐蚀性能，其耐蚀性能优于抗硫酸盐水泥。

5）具有微膨胀性

在水中养护氟铝酸盐水泥的净浆线膨胀试体有微膨胀，水泥 28d 线膨胀约 1%，长期线膨胀稳定。

二十年来，快硬氟铝酸盐水泥（双快水泥）先后在华北、西北、西南、中南等地区的几十个机场进行紧急抢修，其中多数是在不关闭机场的情况下进行的，保证了战备和训练的正常进行，为空军及时抢修提供了一种新材料；先后用于隧道衬砌、漏水整治、隧道开挖中的危石锚固，抢修给水排水管道接头漏水、各种补强，如桥基加固和整体、滑模施工的补修等，低温条件下的工程施工等，取得较好效果；同时广泛应用于民用工程，如地下室、隧道工程的止水堵漏、混凝土路面的修补及锚固等。氟铝酸盐水泥不能与普通水泥混用，如果掺用外加剂，需通过试验后确定外加剂的种类及掺量。

6. 快硬磷铝酸盐水泥

快硬磷铝酸盐水泥是具有我国自主知识产权的新型特种水泥，是一种具有高性能、低碱性（碱含量小于 0.4%）及生物相容性好的胶凝材料。磷铝酸盐熟料可以烧结制成，也可以熔融制成。磷铝酸盐水泥在组成和性能上均区别于磷酸盐水泥，如磷酸镁、磷酸钙、磷酸锌等，也区别于硅酸盐水泥和现有的水泥种类。

磷铝酸盐水泥熟料具有其独特的相组成体系，其主要矿相为：磷铝酸钙固溶体相、磷酸钙固溶体相、铝酸钙固溶体相和玻璃体。前两相尤其对磷铝酸盐水泥的耐久性起重要作用，后两相主要贡献早期水硬活性。

磷铝酸盐水泥生产工艺和所用设备与硅酸盐水泥相同，烧成温度范围 1370～1430℃，CO_2 排放量较传统硅酸盐熟料低约 40%。磷铝酸盐水泥熟料生产用主要原料：石灰石、磷灰石和铝矾土。

磷铝酸盐水泥因其优秀的力学性能以及其浆体凝结时间可调（室温 5～36min 内初凝），且强度发展快，除可以满足普通建筑工程的需要之外，该体系通过组成和结构调节，可以达到以下功能：

1）早强型：8h 脱模，砂浆抗压强度在 12h 达 35～45MPa；24h 达 55MPa；3d 可达 75MPa。

2）高强型：砂浆抗压强度在 28d 可达 75～90MPa，之后仍可持续增长。

3）超早型：5～10min 脱模，砂浆抗压强度在 30min 可达 15～20MPa；1h 达 20～30MPa，1d 可达 55MPa。

4）高温型：可耐 1600℃，用作高温耐火料的胶粘剂。

5）复合型：可与硅酸盐水泥复合，不需要掺加碱性早强外加剂，可提高 32.5 级、

42.5 级和 52.5 级硅酸盐水泥力学强度，1d 抗压强度提高 2～4MPa，28d 抗压强度提高 8～14MPa，并明显改善硅酸盐水泥浆体耐久性。

6）防渗漏、修复型：工作时间可调（10～30min）；固化（脱模）时间可调（5min～2h）；据不同工程要求，强度可调。

根据磷铝酸盐水泥的特点及其多功能性，磷铝酸盐水泥在工程抢修抢建领域具有极其广泛的用途和市场前景：磷铝酸盐水泥具有优良的水硬化学稳定性和高强、早强，以及分钟、小时强度，故可用于水工工程、抢修工程、渗漏修补、公路修补、文物修补、喷射混凝土、隧道、涵洞、矿井工程、铁路工程、油井工程和军事工程等。

7. 磷酸镁水泥

磷酸镁水泥是一种新型胶凝材料，是一种主要由氧化镁、可溶性磷酸盐（主要为铵盐和钾盐）及少量缓凝剂组成，加水后发生酸碱反应，并生成胶凝性盐类的胶凝材料。磷酸镁水泥的化学反应其实就是一种酸碱中和水化反应，其主要的反应为：

$$MgO + NH_4H_2PO_4 + 5H_2O \longrightarrow MgNH_4PO_4 \cdot 6H_2O$$

主要水化产物为 $MgNH_4PO_4 \cdot 6H_2O$，另外还有少量其他产物。

早期制备的磷酸镁水泥酸碱反应非常剧烈，放热量很大，限制了其进行大规模操作与应用，20 世纪 70 年代后，人们开始着眼于将具有快凝快硬特性的磷酸镁水泥用于道路、飞机跑道及工程楼板快速修补领域，并取得了大量的研究及应用成果。磷酸镁水泥在快速修补工程表现出巨大潜力，主要是因为其原材料、水化产物、水化机理和性能与其他水泥相比具有特殊性，主要表现为：

1）凝结硬化快且速度可控。当不掺入缓凝剂时，磷酸镁水泥几分钟之内就可凝结硬化，在磷酸镁水泥体系中常掺入一定量的缓凝剂并采用其他一些技术手段，可将磷酸镁水泥的凝结时间控制在 30min 甚至 1h 以上。

2）早期强度高，后期强度稳定。当凝结时间控制在 30min 以内时，材料的 1h 抗压强度可达到 20~40MPa，通过采取降低体系的水胶比和缓凝剂掺量，还可使其早期强度进一步提高，这对于快速修补工程至关重要。磷酸镁水泥虽具有早强的特性，但不同于硫铝酸盐水泥，在普通养护条件下，磷酸镁水泥后期强度依然稳定，不会出现强度倒缩。

3）体积稳定性好。有研究表明，磷酸镁水泥修补材料的收缩率大大低于普通硅酸盐水泥，通过适当调整其组成配比还可使磷酸镁水泥修补材料具有微膨胀性。

4）界面粘结强度高。与普通硅酸盐水泥、硫铝酸盐水泥材料相比，磷酸镁水泥基材料具有更加优异的粘结强度。

5）相近的热膨胀性能。作为无机类修补材料，磷酸镁水泥修补材料与基体混凝土材料的热膨胀系数相近且力学相容性良好，粘结强度高。

6）优异的耐磨性能。耐磨度优于普通硅酸盐水泥，特别适用于道路的快速修补。

7）抗盐冻、冻融循环能力强，耐久性好。

8）对钢筋的防锈性能优良，对钢筋混凝土的修补十分有利。

但磷酸镁水泥也有明显的缺点：

1）磷酸镁水泥是一种气硬性胶凝材料，其在潮湿环境或水养条件下，强度倒退较大。

2）凝结过快，尤其在高温环境下，而目前对磷酸镁水泥的缓凝方法还较少。

3）凝结硬化后脆性大，抗冲击性能差。

4）磷酸镁水泥的研究和应用仍不太成熟，且价格较贵。

磷酸镁水泥作为一种早强快硬水泥，可广泛应用于道路、桥梁等民用和军事工程的快速修补与抢修，也可用于结构加固与补强等方面。通过大量掺入粉煤灰不但可以改善磷酸镁水泥的性能，而且可以大大降低材料成本，拓宽其使用范围，是磷酸镁水泥的发展方向。虽然磷酸镁水泥有诸多优点，但长期处于潮湿环境和水环境中时，生成的磷酸盐会溶出，强度衰减。

在抢修现场应用中，磷酸镁水泥通常以砂浆形式使用。在保证强度的前提下控制好磷酸镁水泥的凝结时间使其具备施工可操作性是施工的关键技术之一。为了调节磷酸镁水泥的凝结时间常常用的缓凝剂为硼砂，一些已有的试验结果表明硼砂的掺量为 2.5% 时硬化体 3d 抗压强度较高。

8. 土聚水泥

土聚水泥是土壤聚合物水泥的简称，也称作地聚合物水泥或无机矿物聚合材料，最早是由法国的 Davidovits 教授于 1978 年发明的，它是一种性能优越的碱激活水泥。土聚水泥主要是由偏高岭石、碱性激发剂、混合材和外加剂（主要调节凝结时间）等无定形矿物组成。偏高岭石是将高岭石经 500～900℃ 煅烧后变成的，具有较高的火山灰活性。偏高岭石等无定形硅铝化合物在碱的作用下，硅-氧、铝-氧链断裂，硅铝氧化物经历了由解聚到再聚合的过程，最终形成类似地壳中一些天然矿物的铝硅酸盐三维网络状结构的土聚水泥。

土聚水泥的网络结构使其性能不同于硅酸盐水泥，在工程应用中表现出优异的性能特点。

1）具有非常优异的耐久性能，其寿命有望达千年以上。

2）有较高的界面结合强度，适宜作为混凝土结构修补材料。

3）土聚水泥经土聚反应后形成网络状的硅铝酸盐结构，能有效固定几乎所有已知的有毒金属离子。

4）高岭土加工力学性能好，主要力学性能指标优于玻璃和水泥，可与陶瓷、铝、钢等金属材料相媲美，快硬、早强，而且长期强度高，20℃ 下凝结 4h 后的强度即可达 15～20MPa，为其最终强度的 70% 左右，后期抗压强度可达到 20～100MPa。

5）低收缩，土聚水泥的 7d、28d 的收缩率仅分别为 0.02%、0.05%，而硅酸盐水泥硬化浆体 7d、28d 的收缩率却高达 0.10%、0.33%。

6）低渗透性，其氯离子渗透性系数为 10^{-9}cm/s，与花岗岩相近（10^{-10}cm/s）。

7）耐高温，隔热效果好，部分土聚水泥产品可抵抗 1000～1200℃ 高温的炙烤而不损坏，热导率为 0.24～0.38W/(m·K)，可与轻质耐火黏土砖 [0.3～0.438W/(m·K)] 相媲美。

8）耐水热作用，能有效地固定核废料。

9）高岭土的用途可自调温调湿，适宜制作粮仓等储藏设施。

10）制备工艺简便，而且基本不排放 CO_2，土聚水泥生产过程中排放的 CO_2 仅为硅酸盐水泥的 1/5，资源和能耗低，生产地聚合物材料的能耗低，其能耗只有陶瓷的 1/20、钢的 1/70、塑料的 1/150。

由于土聚水泥的成型机理、制备工艺、改性技术以及应用开发有待进一步深入研究，还需要建立一套有别于传统水泥应用领域的评价标准。另外，制备地聚物的原料，包括碱激发剂、掺合料等活性材料及制备工艺等都影响着土聚水泥的性能，其中激发剂的特性与掺量、水胶比、养护温度是影响土聚水泥性能的最主要因素。

随着人们对健康、安全、环保意识的强化，用无机矿物制备无毒、耐高温、耐老化、高强度甚至多功能的无机材料是材料学研究的重要方向之一。土聚水泥就是一类新型的高性能无机聚合物材料，在土木工程、交通工程及各种抢修工程中，土聚水泥既可替代硅酸盐水泥进行基础建设，又可发挥其独特的快硬高强的性能。

2.4 膨胀水泥及自应力水泥

常用水泥和快硬硅酸盐水泥都有一个共同点，就是在硬化过程中产生一定的收缩，可能造成裂纹、漏水和不适于某些工程的使用。膨胀水泥及自应力水泥的不同之处，是在硬化过程中不但不收缩，而且有不同程度的膨胀。膨胀水泥及自应力水泥有两种配制途径：一种以硅酸盐水泥为主配制的，凝结较慢，俗称硅酸盐型；另一种以高铝水泥为主配制的，凝结较快，俗称铝酸盐型。

硅酸盐型膨胀水泥及自应力水泥，是由硅酸盐水泥、高铝水泥和石膏按一定比例共同磨细或分别粉磨再经混匀而成。铝酸盐型，是以高铝水泥熟料和二水石膏磨细而成。

1. 膨胀水泥的分类

膨胀水泥和自应力水泥实质上都是膨胀水泥。在我国，一般将膨胀值较小，用于补偿混凝土收缩的水泥称为膨胀水泥，如膨胀水泥中膨胀组份含量较多，膨胀值较大，在膨胀过程中又受到限制时（如受到钢筋的限制），水泥石本身就会受到压应力，该压力是依靠水泥本身的水化而产生的，所以称为自应力，并以自应力值（兆帕）表示所产生压应力的大小。自应力值大于 2MPa 的称为自应力水泥。在美国，则统称为膨胀水泥。日本多在配制混凝土时掺加不同数量的膨胀剂制得补偿收缩混凝土或自应力混凝土。膨胀水泥可按用途、膨胀的化学反应和水泥主要矿物组成或主要组份来分类。

2. 膨胀机理

硅酸盐型膨胀水泥及自应力水泥的膨胀作用是基于硬化初期，高铝水泥中的铝酸盐和石膏遇水化合，生成高硫型水化硫铝酸钙晶体（钙矾石），所生成的钙矾石，起初填充水泥石内部孔隙，强度有所增长。随着水泥不断水化，钙矾石数量增多，晶体长大，就会产生膨胀，削弱和破坏了水泥石结构，强度下降。由此可知，膨胀是削弱、破坏水化产物粒子间的联系，而强度则需强化它们之间的内部联系。因此，一般习惯称高铝水泥为膨胀组份，而硅酸盐水泥则为强度组份。但实际上硅酸盐水泥中的 C_3A 或 C_3S 等都参与了形成钙矾石的反应，同时钙矾石对强度发展也有相当影响，所以它们的作用并不能截然分开，而是相辅相成的。

铝酸盐型膨胀水泥及自应力水泥的膨胀作用，同样是基于硬化初期，生成钙矾石，体积膨胀之故。而水泥强度的增长，则是由于高铝水泥本身水化增长强度之故。同样膨胀和增强两个作用，也是相辅相成的。

3. 膨胀水泥及自应力水泥的应用

膨胀水泥适用于补偿收缩混凝土，用作防渗混凝土；填灌混凝土结构或构件的接缝及管道接头，结构的加固与修补，浇筑机器底座及固结地脚螺栓等。自应力水泥适用于制造自应力钢筋混凝土压力管及配件。

2.5 道路硅酸盐水泥

凡由道路硅酸盐水泥熟料、0～10％活性混合材料和适量石膏磨细制成的水硬性胶凝材料，称为道路硅酸盐水泥，简称道路水泥。道路硅酸盐水泥熟料是以硅酸钙为主要成分和较多量的铁铝酸钙的硅酸盐水泥熟料；其中，游离氧化钙含量不得大于 1.0％，C_3A 含量不得大于 5.0％，C_4AF 含量不得低于 16.0％。

道路硅酸盐水泥的技术要求，按国家标准规定：

细度：0.08mm 方孔筛，筛余量不得超过 10％。

凝结时间：初凝不得早于 1h，终凝不得迟于 10h。

体积安定性：沸煮法必须合格；水泥中 SO_2 含量不得超过 3.5％；MgO 含量不得超过 5.0％。

干缩和耐磨性：28d 干缩率不得大于 0.10％，磨损量不得大于 3.60kg/m²。

根据水泥混凝土路面实际的应用环境和条件，道路水泥必须具备以下主要的技术特性。

1. 强度

对水泥材料而言，高强是基本要求，但对具体的应用条件，强度的意义却不同。道路水泥混凝土与其他土建工程相比，所受的外力主要是载重机动车辆的振动和冲击荷载，而非一般的静压力，这使得混凝土的破坏形式主要是弯折破坏，因此对道路水泥的抗折强度要求特别高。同时，要求水泥具有早强特性，目的在于加快施工速度，缩短建设周期，保证路面质量。道路水泥的强度指标是在保证早强和高抗折的前提下，再强调提高强度等级。国家标准《道路硅酸盐水泥》GB/T 13693—2017 将道路硅酸盐水泥划分为 7.5 级和 8.5 级两个等级，各龄期的抗压强度和抗折强度应不低于表 2-6 的数值。

道路硅酸盐水泥的等级与各龄期强度 表 2-6

强度等级	抗折强度（MPa）		抗压强度（MPa）	
	3d	28d	3d	28d
7.5	≥4.0	≥7.5	≥21.0	≥42.5
8.5	≥5.0	≥8.5	≥26.0	≥52.5

可以看出，道路硅酸盐水泥 3d 的抗压强度指标与同强度等级早强型（R 型）硅酸盐水泥相当，而 28d 的抗折强度值则较同强度等级普通硅酸盐水泥更高，这对提高混凝土质量、降低消耗具有重要的意义。

2. 耐磨性

道路硅酸盐水泥混凝土在使用过程中，承受的另一重要外力作用是各种车辆荷载千百万次反复的摩擦作用。若水泥的耐磨性不好，路面将在很短时间内磨耗露石，甚至损坏，因此道路水泥必须具有良好的耐磨性。国家标准规定，道路水泥的耐磨性指标应按《水泥胶砂耐磨性试验方法》JC/T 421—2004 标准方法测定其磨损量，要求 28d 磨耗量应不大于 3.00kg/m³。作为横向比较，不同道路硅酸盐水泥的耐磨性能优劣可用磨耗率（%）表示。

3. 干缩变形性能

水泥混凝土道路直接暴露于自然环境中，各种引起物体热胀冷缩和干缩湿胀的条件都会对其产生作用，如果其胀缩程度过大，就会因荷载传递不畅而产生破坏性应力并损坏路面，所以要求道路水泥的胀缩率尽量小。国家标准主要考核的是干缩性能，以干缩率表示，按《水泥胶砂干缩试验方法》JC/T 603—2004 检测，要求水泥 28d 干缩率不大于 0.10%。这一指标与普通硅酸盐水泥相比，平均降低程度在 10% 以上。道路硅酸盐水泥较强的抗干缩变形性能，可以减少由膨胀应力造成的内部裂缝，修筑时可减少预留收缩缝的数量，提高路面耐久性和平稳性。

4. 抗冻和抗硫酸盐侵蚀性

道路水泥混凝土必须承受各种自然环境条件，尤其是某些典型的恶劣条件，如北方高寒地区严冬的冻融循环和一些沿海及高硫酸盐侵蚀地区的硫酸盐侵蚀等。实践证明，按国家标准规范生产的合格道路硅酸盐水泥具有良好的抗冻性和耐硫酸盐腐蚀能力。从抗冻性能指标（冻融循环次数）来看，道路水泥与普通硅酸盐水泥基本相当；抗硫酸盐侵蚀性的对比实验表明，道路水泥的抗蚀系数比普通硅酸盐水泥平均高出 15%～20%。因此在实际的工程应用中，道路水泥对环境的侵蚀性介质具有较强的抵抗能力，使水泥混凝土路面耐久性良好。此外，道路硅酸盐水泥仍属于硅酸盐水泥系列，其一般物理性能与常规硅酸盐水泥相同，检验方法一致。

道路硅酸盐水泥以其特有的多种优良性能，能够满足各种路面结构的技术要求，已成为交通建设中不可缺少的一种专用水泥品种，它的应用前景十分广阔，适用于不同等级的公路，尤其是高速公路路面和机场道面以及其他各种水泥混凝土板面工程。道路水泥混凝土的抗冲击性能、耐磨性和抗蚀性均明显优于一般普通水泥混凝土，故采用道路水泥修筑的各种道面工程的耐久性和使用寿命均显著提高。道路硅酸盐水泥施工性能优良，按正常配比配制的混凝土不仅凝结正常，早期强度高，而且和易性好，不离析，不泌水，适合各种施工机械，对不同施工方法均能很好地适应，施工速度快，在道路工程抢修抢建中是最常用的一类硅酸盐水泥。

2.6　耐腐蚀水泥

在一般的使用条件下，通用水泥有较好的耐久性。但是，在腐蚀环境条件下，用许多通用水泥配置的混凝土工程短期内就发生早期损坏甚至彻底破坏，工程寿命远远达不到设计使用年限，给工程建设造成了很重的维修和重建负担。因此研制和生产耐腐蚀水泥，以延长腐蚀环境中的水泥混凝土工程寿命，对节约资源和能源，促进国民经济的发展具有重要的意义。

有害的腐蚀性介质主要包括淡水、酸和酸性水、硫酸盐和碱溶液等。淡水腐蚀主要是溶出性腐蚀，即将水泥或混凝土结构中的氢氧化钙等组份按溶解度大小溶出并带走，从而导致结构破坏。对密实度高、抗渗性好的结构而言，淡水溶出过程的发展一般是很缓慢的。硫酸盐腐蚀是工程中常见的一种腐蚀类型，很多电站、大坝、海港等工程都由于硫酸盐腐蚀而过早损坏。硫酸盐腐蚀破坏是由于环境介质中的硫酸盐与水泥浆体中的矿物组份发生化学反应，形成膨胀性产物或者将浆体中的 C-S-H 凝胶等强度组份分解而造成的。硅酸盐水泥中易受腐蚀的组份主要为氢氧化钙和水化铝酸钙。因此，通过控制水泥熟料矿物组成，减少易受腐蚀组份的含量是生产抗硫酸盐水泥的关键。

总的说来，不同的腐蚀环境需要使用不同的耐腐蚀水泥。与通用水泥相比，耐腐蚀水泥在原材料的选用和生产过程的控制等方面有许多不同的特点，因而也具有与通用水泥不同的性能。

1. 抗硫酸盐水泥

根据国家标准《抗硫酸盐硅酸盐水泥》GB/T 748—2005 规定，抗硫酸盐硅酸盐水泥按其抗硫酸盐性能分为中抗硫酸盐硅酸盐水泥、高抗硫酸盐硅酸盐水泥两类。以特定矿物组成的硅酸盐水泥熟料，加入适量石膏，磨细制成的具有抵抗较小浓度硫酸根离子侵蚀的水硬性胶凝材料，称为中抗硫酸盐硅酸盐水泥（简称中抗硫酸盐水泥）。以特定矿物组成的硅酸盐水泥熟料，加入适量石膏，磨细制成的具有抵抗较高浓度硫酸根离子侵蚀的水硬性胶凝材料，称为高抗硫酸盐硅酸盐水泥（简称高抗硫酸盐水泥）。

抗硫酸盐水泥所用原材料与硅酸盐水泥基本相同，也是石灰质原料、黏土质原料和铁质校正原料。但是，抗硫酸盐水泥对熟料矿物组成的要求与硅酸盐水泥差别很大。根据硫酸盐腐蚀机理，硬化浆体中容易受腐蚀的组份是水泥石中的氢氧化钙和水化铝酸钙，而熟料中 C_3A 和 C_3S 含量高时，腐蚀作用就更严重。因此，水泥的抗硫酸盐性能在很大程度上取决于水泥熟料的矿物组成及相对含量。

抗硫酸盐水泥适用于一般受硫酸盐腐蚀的海港、水利、地下、隧道、引水、道路和桥梁基础等工程。由抗硫酸盐水泥制备的普通混凝土，一般可抵抗硫酸根离子浓度低于 2500mg/L 的纯硫酸盐腐蚀。在我国，抗硫酸盐水泥已广泛应用于有硫酸盐腐蚀的工程，如成昆铁路的隧道工程、青海盐湖筑路工程、新疆公路工程、锦西葫芦岛海港工程等。这些工程环境复杂，有的环境介质中含有大量的岩盐、芒硝、石膏等可溶性盐，有的硫酸根离子浓度高，使用抗硫酸盐水泥都能取得较好的效果。

国内外在抗硫酸盐水泥的理论研究和生产实践方面开展了大量的工作，通过各种途径改善抗硫酸盐水泥的性能，使其适应于不同硫酸根离子浓度的腐蚀环境，适用于受硫酸盐腐蚀的专用工程如海洋、油井等，同时具有早强、低热、快硬等其他优良性能。

2. 耐酸水泥

耐酸水泥是最早应用于化学工业的一种耐腐蚀材料。早在 20 世纪初，就采用磨细的石英砂与硅酸钠拌制砂浆制作耐酸涂层。不过，仅仅依靠硅酸钠溶液吸收空气中的二氧化碳促进硬化，作用极其缓慢，须达数月之久。1925 年，德国首先研制成功了化学硬化水玻璃水泥，这种耐酸水泥至今仍广泛使用。与此同时，以熔融硫磺为主的硫磺耐酸水泥也开始出现。20 世纪中叶，高分子化工迅速发展，一批耐蚀性能优良的高分子材料崭露头角，以合成树脂为主要粘结料的耐酸胶凝材料也得到普及。

将耐酸原料和硬化剂按适当配比共同粉磨或分别粉磨后再混合均匀的粉状物料，与适量水玻璃溶液拌匀后，能在空气中硬化，并具有抵抗大多数无机酸和有机酸腐蚀的材料，称为水玻璃耐酸水泥。水玻璃耐酸水泥能抵抗大部分无机酸、有机酸及酸性气体和水解呈酸性的盐的腐蚀，具有足够的机械强度，可制成耐酸的大块混凝土和耐酸构件。因此，水玻璃耐酸水泥广泛应用于各种防腐设备的内衬及设备基础，应用于耐酸设备的勾缝及胶结材料，以及建筑物和构筑物的耐酸防腐层。水玻璃耐酸水泥的使用温度一般可达 800℃以上。但水玻璃耐酸水泥密实性不高，耐稀酸及耐水性较差，不耐 300℃以上热磷酸、氢氟酸及高级脂肪酸的腐蚀，并且不耐碱，也不宜用于盐类介质干湿交替作用频繁的环境。

硫磺耐酸水泥是以硫磺、耐酸填料和增韧剂按一定比例熔融混合，浇筑成型的热塑性抗腐蚀胶凝材料。硫磺耐酸水泥于 20 世纪问世，由于其脆性大，收缩大，使用受到限制，直到 20 世纪 40 年代添加了增韧剂，才克服了这些缺点。我国于 20 世纪 60 年代初开展硫磺水泥的研制工作。硫磺耐酸水泥作为浇筑型的耐酸胶结料，主要用于化工厂连接耐酸槽的衬砖、防腐地面、地板接缝、固定设备基础预埋件、连接混凝土轨枕等构件等。硫磺水泥配置的混凝土结构致密，抗渗、耐水，可用于制作混凝土水管及水池等构件。由于硫磺水泥混凝土硬化快，强度高，不需养护，适用于抢修抢建工程。但硫磺耐酸水泥热稳定性差，不宜用于温度超过 100℃的工程，材料脆性大、易燃，不能用于强烈振动和接触火种的地方。

第3章

抢修抢建特种砂浆

砂浆按所用的胶凝材料可分为水泥砂浆、混合砂浆（由水泥和石灰作为胶结料）、石灰砂浆、聚合物砂浆等。按功能和用途可分为砌筑砂浆、抹面砂浆、装饰砂浆、修补砂浆、绝热砂浆和防水砂浆等。

抢修抢建特种砂浆用于建筑工程的快速修补加固，所选用的胶凝材料主要以普通硅酸盐水泥、超细灌浆水泥、镁质水泥、硫铝酸盐水泥、高铁硫铝酸盐水泥等为主，其中以我国自主开发，具有快硬、超强、微膨胀特性的硫铝酸盐水泥较为广泛。此外许多修补砂浆产品中也以硅粉、矿渣粉、粉煤灰等矿物掺合料部分取代水泥，产生火山灰反应以及起微填料作用，降低砂浆的干缩，提高砂浆韧性、抗冲磨、抗气蚀能力。另外，用液态和固态的聚合物，如聚合物单体、树脂、聚合物胶乳、聚合物粉末等对水泥砂浆及水泥混凝土进行改性，在工程修补中效果显著。

对于最常见的道路路面的快速修补而言，根据行业标准《修补砂浆》JC/T 2381—2016 的要求，快凝防水型柔性修补砂浆应满足以下性能要求：

（1）1d 抗折强度超过 3.5MPa，抗压强度高于 20MPa 时才能开放交通；

（2）初凝时间需控制在 5～20min 之间，以保证既便于施工又能达到快速通车的要求；

（3）28d 干燥收缩值不大于 0.1%；

（4）拉伸粘结强度不小于 0.6MPa。

3.1 水泥修补砂浆

由于自然灾害、老化破损、战争或其他原因使混凝土结构遭受破坏，特别是道路、桥梁、机场等基础设施遭受损坏时，需要对其快速抢修以尽快恢复交通秩序并降低生命财产损失，采用快速抢修用水泥砂浆是常用的修补措施。

对于钢筋水泥混凝土结构而言，使用水泥基材料进行修补加固，既保证了修补材料与基体材料的一致性有利于修补工程的质量，又能够有效降低修补工程的成本。由于干粉砂浆具有便于贮存与运输、使用方便快捷等优点，水泥基修补砂浆通常可以选择干粉砂浆的形式进行应用。

1. 普通硅酸盐水泥修补砂浆

当前，建筑行业主流水泥基材料为硅酸盐水泥材料，普通硅酸盐水泥修补砂浆主要用于修补损坏不严重的混凝土表面，但在某些特定的使用环境与特殊的工程应用中，由于硅酸盐水泥砂浆存在着凝结时间长、早期强度不足的问题，不足以满足修补工程的要求。单纯使用水泥砂浆或者混凝土还存在着粘结强度不足、韧性差、脆性高等方面的缺陷，并且在修补工作完成后，该类型材料容易出现开裂、脱离等问题，耐久性能也难以得到保障，往往会造成修补区域的二次破坏。

为了改善硅酸盐水泥的凝结硬化慢、早强低的缺陷，可以通过加入外加剂或改性组份来改善普通水泥砂浆性能制备出修补砂浆材料，这类水泥修补砂浆是工程中常用的修复材料之一，具有价格低廉、制备简单、适用范围广、安全性高等特点。在这类水泥砂浆中加入的外加剂主要有早强剂、膨胀剂、减水剂等，改性组份包括抗裂纤维、矿物掺合料等。

2. 快硬水泥修补砂浆

对于抢修抢建工程而言，需要选择一类更适合于快速修补工程应用的水泥基材料，即优先选择快硬早强类特种水泥配制快速修补砂浆。快硬早强的修补砂浆主要有快硬硅酸盐水泥修补砂浆、铝酸盐水泥修补砂浆、硫铝酸盐水泥修补砂浆及磷酸镁修补水泥砂浆等。它们早期通常会形成钙矾石（AFt），从而出现快凝早强的现象。

快硬硅酸盐水泥是通过改变硅酸盐水泥矿物组成比例，达到快硬早强，但是还存在早期强度低和干缩开裂等问题，可以通过添加外加剂（如 $CaCl_2$ 作为早强剂），来改善其性能。

高铝酸盐水泥主要由铝酸一钙、二铝酸一钙和少量的七铝酸十二钙构成，由于其早强、耐久性、抗高温性能优异，常用于国防及紧急抢修工程等。但是高铝酸盐水泥的水化产物结构不稳定，在水化后期会发生晶型转变，导致其后期强度倒缩。

硫铝酸盐水泥主要由无水硫铝酸钙（C_4A_3S）和硅酸二钙（C_2S）构成，由于其快硬早强、微膨胀、抗冻性能好等优点，广泛应用于寒冷地区的混凝土修补以及快速修补工程。但是硫铝酸盐水泥的初凝时间短，不能满足现场施工要求，并且它的后期强度不稳定，甚至会出现强度倒缩的现象。

磷酸镁水泥主要由氧化镁（MgO）和磷酸二氢铵（$NH_4H_2PO_4$）组成，具有早强快硬等特点，但是抗冻性不理想，修补效果易受施工操作、天气和拌合水量的影响。

砂浆在外荷载或环境作用下往往产生变形或收缩，影响粘结效果，对于修补砂浆而言，砂浆的收缩变形对修补效果尤其重要，为了改善水泥修补砂浆的收缩性能，常常在修补砂浆中加入纤维材料，以改善水泥修补砂浆的脆性和收缩性。纤维快速修补砂浆是一种非均质的复合材料，在受力时纤维会发生脱粘、断裂及拔出等破坏，吸收能量，并阻止裂缝产生和扩展。纤维的掺入能够大大增强快硬水泥修补砂浆的抗折强度和抗开裂性能。在修补水泥砂浆中最常用的纤维是聚丙烯纤维。

为确保混凝土结构修补质量，在施工中还应配合适宜的施工工艺，包括基层的清理与润湿、适当的振动及加强砂浆硬化后的养护，从而保证修补砂浆与混凝土基层粘结成整体且避免表面产生裂纹。

3. 硅酸盐水泥-铝酸盐水泥-石膏三元体系修补砂浆

为了弥补特种水泥存在的一些缺陷和研制出适用范围更广的修补材料，诸多学者研究出硅酸盐水泥-铝酸盐水泥-石膏三元体系修补砂浆。三元胶凝体系主要通过普通硅酸盐水泥与高铝酸盐水泥复配，其中高铝水泥提供早期强度，硅酸盐水泥保证后期强度发展。但是由于硅酸盐水泥和高铝酸盐水泥混合使用时，水化速度过快，甚至会产生瞬凝现象，所以需要添加一种调凝剂，调节水泥凝结硬化时间。目前国内外学者大多用石膏作为调凝剂，石膏掺入后形成钙矾石，阻碍水泥快速硬化。

三元体系具有早期强度高、凝结时间快、后期强度稳定的优点，三元体系各组份的比例以及石膏的种类都会直接影响其内部结构及微观形貌，从而进一步影响力学强度。

4. 硫铝酸盐水泥-普通硅酸盐水泥复配改性修补砂浆

普通硅酸盐水泥是用量最大的水泥，但对于特殊用途并不适合，特别是需要快速抢修抢建的工程，由于普通硅酸盐水泥凝结慢、早强发展缓慢等不足，为了满足工程对修补砂浆快硬的要求，可使用快硬硫铝酸盐水泥配制修补砂浆，但快硬硫铝酸盐水泥因其凝结过快、价格昂贵、后期强度低、产量少等缺陷，往往限制了它的单独使用。为了解决以上问题，目前常用的方法可通过复合技术合成新型高性能复合水泥配制修补砂浆。由于不同系列水泥熟料的矿物成分、水化特点、水化产物等均不同，复合可以通过改变水化产物组成和结构来实现性能的调节。

普通硅酸盐水泥和硫铝酸盐水泥属于不同的胶凝材料体系，由于其矿物组成不同，导致性能有很大差异，一般情况下是不能混合使用的。例如，硫铝酸盐水泥与硅酸盐水泥混合后，将会出现水泥快凝甚至速凝或闪凝，水泥试件会产生膨胀，导致强度降低，甚至胀裂、溃散。但是这两种水泥不同的优良性能使研究者对两种水泥的混合体产生了兴趣，因此，为了发挥硫铝酸盐水泥快凝、早强、高强、抗冻、抗硫酸盐腐蚀等特点，同时利用普通硅酸盐水泥后期强度高、性质稳定的优点，将普通硅酸盐水泥、硫铝酸盐水泥按比例进行复合，可配制出综合两种水泥优良性能的快速修补复合胶凝材料。

在普通硅酸盐水泥中加入适量硫铝酸盐水泥后，出现促凝早强，这是因为加入的硫铝酸盐水泥消耗了 $Ca(OH)_2$ 的浓度，降低了水泥浆体的碱度，加快了普通硅酸盐水泥中硅酸钙的水化作用，加快了水化速度，同时硫铝酸盐水泥中的无水硫铝酸钙快速与石膏反应生成钙矾石，出现快速凝结，水泥砂浆的早期强度大大提高，但同时浆体的流动性减小。在普通硅酸盐水泥中掺入适量的硫铝酸盐水泥，可制得早期强度高、28d 强度接近或超过纯硫铝酸盐水泥的复合胶凝体系。该复合胶凝体系的主要水化产物是钙矾石、铝胶、C-S-H 凝胶和少量低硫型水化硫铝酸钙，钙矾石的形成提供了复合胶凝体系的早期强度，而 C-S-H 的形成，保证了水泥后期强度的增长。因此，其长期强度是稳定的，可以应用于配制性能优良的修补砂浆。

普通硅酸盐水泥-硫铝酸盐复配改性修补砂浆，充分发挥两种水泥各自优点，削弱各自缺陷，在此基础上加入纤维、矿物掺合料及减水剂，使复合胶凝砂浆的性能满足快速修补材料对凝结时间、变形性能、流动性能及强度的要求，满足工程使用。试验研究表明其主要特点如下：

1）复合水泥砂浆的凝结时间随着硫铝酸盐水泥（SAC）掺量的增加而减小。当掺量在 15%～30% 之间时，复合水泥砂浆的凝结时间基本上在 80min 左右，能满足现场快速修补施工要求。

2）随着复合水泥砂浆中硫铝酸盐水泥掺量的增大，硫铝酸盐水泥不断发挥它的微膨胀作用，水泥砂浆硬化后的收缩变形量逐步减小。

3）复合水泥砂浆 3 天的强度，随着硫铝酸盐水泥掺量的增加出现先增大后降低的变化趋势，当掺量为 15% 时达到峰值，超过 15% 时，复合水泥砂浆的抗折和抗压强度都出现较大程度的下降。复合水泥砂浆 28 天的强度，硫铝酸盐水泥的掺量在 15% 以下时，强度增加明显，掺量超过 30%～40% 时，复合水泥砂浆强度下降较大。

4）在复合水泥砂浆中，掺入聚丙烯纤维后，大大减少了修补砂浆凝结硬化过程中及受力时产生的裂缝，收缩变形量出现较大幅度的降低。同时，加入纤维后，复合胶砂的抗折和抗压强度都有一定程度的提高，特别是抗折强度的提高更加明显。

5. 快硬水泥修补砂浆施工应注意的问题

为保证混凝土工程的修补质量，仅有性能优良的快硬修补砂浆在一定程度上是达不到要求的，还需要相应的施工工艺相配合，在快硬水泥修补砂浆施工中应注意以下三个方面：

1）混凝土基层应清理干净，不留残渣，更不允许有疏松层，混凝土基层应润湿且不能留有自由水分。

2）修补砂浆与基层粘结成整体是保证修补质量的关键。修补砂浆摊铺后应施以适当振动以保证砂浆与基层的粘结，不留死角。若与基层粘结有缺陷就会产生空鼓，从而使承受荷载的条件恶化造成修补层的断裂破坏。

3）快硬水泥修补砂浆施工后水化很快，放出大量热，仍然会造成修补层的内外温差，加上表面水分蒸发，表面容易产生裂纹。因此在修补砂浆开始硬化时，应及时在表面浇水养护，防止表面裂纹的产生。

3.2 聚合物改性修补砂浆

聚合物改性修补砂浆指聚合物部分取代水泥作为胶结材料而形成的砂浆。聚合物改性砂浆是水泥和骨料的混合料与加入的聚合物乳液或可分散的聚合物胶粉搅拌而成的复合材料。

聚合物改性修补砂浆是目前主流的修补砂浆材料，属于有机改性类修补材料，主要利用有机聚合物高粘结强度保证水泥基修补材料的粘结强度，具有较高的粘结强度。同时，由于无机成分较多，与基材相容性较好，后期依仗水泥材料发挥自身强度进一步改善，因此这类修补砂浆越来越多地应用于混凝土建筑物的修补中。

1. 聚合物改性修补砂浆特点

聚合物改性修补砂浆由于掺入少量的聚合物，可以显著地改善砂浆和混凝土的力学性能（抗拉抗折强度、粘结性等）和耐久性能（抗冻、抗腐蚀和抗收缩性等）。与旧混凝土有更好的粘结性；具有更高的抗折强度、抗拉强度；有更优异的耐水性、抗冻融性、耐磨性、抗冲击性。

聚合物改性修补砂浆是以水泥为基体、以聚合物单体或数种聚合物对水泥进行改性的复合材料。聚合物改性修补砂浆具有较好的抗渗性能，良好柔性和粘结性的聚合物能够适应水泥以及砂浆干燥过程中颗粒之间的变化，更好地搭接裂缝以及防止裂缝的出现，从而减少砂浆中相互连通的毛细孔；聚合物改性修补砂浆具有较小的弹性模量和较好的塑性，可以减少由于干燥收缩而产生的裂纹；与无机材料相比，聚合物改性修补砂浆有良好的保水性，有利于水泥的水化，并可采用较低的水灰比，以减少干燥收缩，即使长期不进行水养护，强度增长仍很快；此外，聚合物改性修补砂浆还具有良好的工作性能，施工工艺简单、方便，可使用更薄的保护层，降低混凝土结构自重。

2. 聚合物种类

将聚合物加入到水泥砂浆中有几种不同的方式，分别为乳液方式、可分散粉末或水溶性粉末方式和单体或聚合物的液体树脂方式。用于水泥混凝土或砂浆改性的聚合物主要有水溶性聚合物、聚合物乳液、可再分散聚合物粉料和液体聚合物四类。

3. 聚合物改性修补砂浆改性机理

当聚合物与水泥砂浆共同拌合时，聚合物颗粒均匀分散在水泥浆体中，形成聚合物水泥浆体。在此体系中，随着水泥的水化，水泥凝胶逐渐形成，并且液相中的 $Ca(OH)_2$ 达到饱和状态，同时聚合物颗粒沉积在水泥凝胶颗粒（包括未水化水泥颗粒）的表面，随着水化反应的进行，水分不断地消耗，水化产物增多，水泥凝胶结构在发展，聚合物逐渐被限制在毛细孔隙中，随着水化的进一步进行，毛细孔隙中的水分减少，聚合物与水泥颗粒絮凝结合在一起，在水泥水化凝胶（包括未水化水泥颗粒）的表面形成聚合物密封层，而聚合物密封层也粘结了骨料颗粒的表面及水泥水化凝胶与未水化水泥颗粒混合物的表面。因此，混合物中的较大孔隙被有粘结性的聚合物所填充，形成连续的聚合物网结构。这种聚合物网结构把水泥水化物联结在一起，即水泥水化物与聚合物交织缠绕在一起，聚合物填充孔隙，改善水泥石的孔隙结构，从而改善砂浆的性能。

细分散有机聚合物加入砂浆中还可以改善砂浆的抗拉强度，聚合物在砂浆中形成薄膜，砂浆在水泥水化后形成刚性骨架，而在骨架内聚合物形成的薄膜具有活动接头的功能，可以保证刚性骨架的弹性和韧性，聚合物膜的抗拉强度要比普通砂浆的抗拉强度高出10倍以上，所以细骨料有机聚合物还可以改善砂浆的抗拉强度。

4. 聚合物改性修补砂浆的应用

混凝土结构修复用聚合物改性修补砂浆是一类聚合物改性水泥砂浆材料，其通过在水泥砂浆中掺入适当的聚合物，达到改善其抗折、抗拉强度的目的，使其具有更优异的耐磨、抗冲击、抗冻、抗氯离子渗透性能，且与老混凝土之间有良好的粘结强度的效果，适用于混凝土结构修复工程。

聚合物改性修补砂浆广泛应用于混凝土结构修补加固和混凝土工程中特殊部位，如应力复杂区，抗裂、抗震、耐冲击、耐磨损、抗疲劳要求高的部位，而且在防腐领域应用广泛。此外，聚合物改性修补砂浆可以用于地下工程的防渗堵漏材料、地面材料、铺设材料、粘结材料、外墙装饰材料以及制作工厂预制件等。

我国2011年发布了《混凝土结构修复用聚合物水泥砂浆》JG/T 336—2011规范。混凝土结构修复用聚合物水泥砂浆由聚合物（乳液或干粉）、水泥、细骨料、添加剂等为主要原料，按适当配比制备而成。其物理力学性质如表3-1所示。

混凝土结构修复用聚合物水泥砂浆物理力学性质 表 3-1

项目		技术指标		
		A 型	B 型	C 型
凝结时间	初凝（min）	≥45	≥45	≥45
	终凝（h）	≤12	≤12	≤12
抗压强度（MPa）	7d	≥30.0	≥18.0	≥10.0
	28d	≥45.0	≥35.0	≥15.0
抗折强度（MPa）	7d	≥6.0	≥6.0	≥4.0
	28d	≥12.0	≥10.0	≥6.0
拉伸粘结强度（MPa）	未处理 28d	≥2.00	≥1.50	≥1.00
	浸水 28d	≥1.50	≥1.00	≥0.80
	25 次冻融循环 28d	≥1.50	≥1.00	≥0.80
收缩率（%）	28d	≤0.10		

注：A 型适合于承重混凝土结构的加固与修复；B 型适合于承重混凝土结构的修复；C 型适合于非承重混凝土结构的修复；对有早强要求的混凝土修复工程，凝结时间由供需双方自行规定。

在此规范中，既要求聚合物水泥砂浆有很高的抗折、抗压和粘结强度，同时还需要有优异的耐久性能。通过试验发现，在聚合物水泥砂浆中，随着聚合物的掺入，其抗折、粘结强度会有大大改善，但抗压强度会有削弱；若聚合物掺量不足，虽然其抗压强度高，但粘结强度、抗折强度、施工性能和耐久性能却很难满足。因此研究具有施工性能好、本体强度高、粘结抗拉强度大和耐久性等综合性能好的聚合物水泥砂浆，是混凝土结构修复工程亟待解决的重要问题。

5. 聚合物改性修补砂浆存在的问题

1）并非所有的聚合物乳液对水泥砂浆的粘结性能都有改善的作用，如在砂浆中加入丙烯酸酯，这类聚合物与水泥体系不相容，影响了水泥水化进程，并且聚合物本身也会因为水泥体系的碱性而降解。

2）紫外线对聚合物材料的老化有很大的影响。紫外线能够切断许多聚合物的分子键，并引起光化学反应，这种反应一般发生在材料表面，首先引起砂浆表面聚合物老化，逐渐向内层发展，太阳光中的红外线也会引起材料热老化，因此在大气环境中材料的受光面积和单位面积上所接受的光强度均影响老化速度。

3）外界温度的变化、干湿循环、水的作用也会加速材料的老化，特别是当聚合物处于湿热状态时强度明显下降，在泡水的情况下，温度越高，强度损失越大。

4）聚合物价格远远高于水泥的价格，而且用普通工艺配制的水泥砂浆中聚合物的掺量又偏高（一般聚合物掺量约占水泥质量的 20%），从而导致因造价昂贵而使其推广应用受到很大限制。

3.3 聚合物修补砂浆

聚合物砂浆属于有机类修补材料，是指使用聚合物高分子材料全部替代水泥作为胶结材料，与骨料结合而成，简称 PM，早在 1958 年美国用于生产建筑覆层。聚合物砂浆与混凝土的粘结强度高，可提高养护速度，可用于路面、混凝土构件等薄层修复工程。但是，由于聚合物与混凝土基材的相容性较差，在二者界面往往会产生粘结不良等情况，甚至发生修补材料掉落。聚合物的耐久性也不理想，在长期外界环境作用下容易老化。特别是在实际工程使用过程中，聚合物用量大，修补材料成本高成为修补工程较大的经济负担，因此聚合物砂浆的广泛应用受到一定限制。但在一些特殊的抢修抢建工程中，聚合物砂浆以其固化速度快、粘结强度高等优点仍然是应用较为广泛的修补材料之一。

3.4　地聚物基修补砂浆

地聚物这一术语最早于 1978 年被提出，地聚物是以富含硅铝酸盐的物质为原材料，例如偏高岭土、粉煤灰、高炉矿渣、尾矿、赤泥等，在碱激发剂的作用下发生解聚再聚合形成无定型硅铝酸盐凝胶，是一种有着三维网络结构的无机聚合物，即为硅铝酸盐聚合物，国外称之为"Geo-polymer"。地聚物是一种新型胶凝材料，其水化产物是一种含硅铝链聚合物的水化产物。与传统硅酸盐水泥相比，地质聚合物原料丰富，原材料多为铝硅酸盐矿物或粉煤灰、矿渣等，具有明显的经济效益和环境效益；生产耗能低，制备过程中无需高温煅烧，CO_2 排放量比生产硅酸盐水泥低 $70\% \sim 80\%$；力学性能优良，快硬早强，6h 抗压强度就能达到 15MPa 左右，1d 的抗压强度能达到 30MPa，8d 的抗压强度能达到 60MPa；耐酸碱腐蚀，耐高温；渗透率低，能够固化重金属与核废料，在固化重金属方向具有巨大的应用前景。

地聚物基修补砂浆以地聚物为胶凝材料配制砂浆作为修补材料。通常，可以粉煤灰和矿渣为主要原材料，水玻璃、NaOH、水泥熟料等作为碱性激发剂，同时掺入纤维、乳化树脂、乳化沥青等制备地聚物基修补砂浆。地聚物基修补砂浆具有水化热低、早期强度高、强度发展快、抗渗抗冻好、抗腐蚀强、抗高温强、耐水热好等优良性能。对于应急抢险工程，地聚物基修补砂浆有明显的优势，例如机场跑道，对交通开放时间严格的工程，养护 6h 就能让飞机正常起降。

3.5　自流平砂浆

自流平砂浆采用有机物质或无机物质作为胶凝材料，在其中加入细砂、外加剂、添加剂，在自重作用下能流平，具有高流动性、工作性能良好、强度较高的砂浆。地坪和地面常采用自流平砂浆。

自流平砂浆按胶凝材料的不同分为无机和有机两大类。无机类主要包括石膏基自流平砂浆和水泥基自流平砂浆，有机类以环氧树脂自流平砂浆为应用广泛。

1. 水泥基自流平砂浆

按照组成材料和拌合方式的不同，水泥基自流平砂浆可分为单组份干混砂浆和双组份砂浆。单组份干混砂浆仅是以水泥为胶凝材料，掺加干粉性的矿物掺合料和化学外加剂等，再添加水就可以使用；双组份砂浆是在此基础上还要掺入一定比例的聚合物乳液混合液等，再添加水使用。单组份砂浆便于运输、储存，是市场认可的主流产品。

为了达到快速硬化的要求，水泥基自流平砂浆常采用普通硅酸盐水泥与快硬水泥复合胶凝体系，快硬水泥主要包括铝酸盐水泥、硫铝酸盐水泥等，这种复合水泥体系充分发挥快硬水泥快凝早强优势，提高早期强度。掺入矿物掺合料、高效减水剂、消泡剂等用以改善砂浆性能。

一般来说，水泥基自流平砂浆都是基于一种能够形成钙矾石的三元复合系统，这是因为水泥基自流平砂浆要求快硬、结合的水量高和低收缩性的要求，而钙矾石的形成具有形成速度快、高结合水能力和补偿收缩的能力。三元复合胶凝材料是指普通硅酸盐水泥、铝酸盐水泥或硫铝酸盐水泥和石膏。普通硅酸盐水泥-铝酸盐水泥-石膏三元复合胶凝体系水化硬化初期快速形成钙矾石，引起固相体积增大，起到骨架作用；普通硅酸盐水泥-硫铝酸盐水泥-石膏三元复合胶凝体系在 7d 前主要是无水硫铝酸钙与石膏发生反应生成钙矾石，形成骨架，这些钙矾石的存在使得水泥石密实度增加。

水泥基自流平砂浆是一种理想的水凝硬性无机修补材料，其主要材料为特种水泥、精细骨料、胶粘剂及各种添加剂，与水混合后形成一种流动性强、高塑性的自流平地基材料，一般为干混型粉状材料，现场拌水即可使用，稍经刮刀展开，即可获得高平整基面，硬化速度快，24 小时即可在上行走，施工快捷、简便。其主要应用于新建或旧项目改造工程，以及工业地面精找平。

2. 聚合物自流平砂浆

聚合物自流平砂浆一般加入聚合物胶乳、水溶性聚合物或液体聚合物、可分散聚合物粉末等，聚合物是改善或改进水泥基材料性能的主要有效成分。与普通水泥砂浆相比，聚合物自流平砂浆性能在很大程度上取决于聚合物含量而不是水灰比。这类有机胶凝材料能够提高自流平砂浆与各种基材的粘结强度，提高自流平砂浆的内聚力与韧性，降低弹性模量，降低砂浆开裂风险，在硬化状态下，与水泥基自流平砂浆相比，聚合物自流平砂浆弯曲强度明显增加，抗压强度没有改善。

第 4 章

抢修抢建特种混凝土

混凝土材料是建筑工程中使用量最大的建筑材料，在工程的修补加固、堵漏工程及冬期施工中也是应用最广泛的一种材料。一方面可以在一些特种水泥基础上进行配制，以满足抢修抢建工程对快硬早强要求；另一方面，在普通混凝土基础上进行材料优选、配比优化、掺加外加剂、优化施工工艺等，配制出满足工程需要的抢修抢建特种混凝土。

4.1 快硬水泥混凝土

配制快硬混凝土的途径很多，但在工程中一般主要采用快硬早强的水泥或掺早强型外加剂等方法来配制快硬混凝土。这种配制方法既方便又经济，特种水泥来源较为广泛，价格相对低廉，在满足快硬、早强的基础上保证后期强度不倒缩，同时通过掺入外加剂，保证其力学性能。

1. 掺外加剂配制快硬混凝土

掺外加剂配制快硬混凝土包括用氯化钙和二水石膏配制快硬混凝土，用碱金属硅盐配制快硬混凝土，用掺金属氢氧化物和硫酸钙的半流体料浆配制快硬混凝土等。但掺加不同的外加剂会对混凝土后期性能带来一定影响，如掺入氯化钙等氯盐类外加剂会加剧钢筋的锈蚀，掺入硫酸盐类外加剂会使混凝土产生硫酸盐腐蚀等危害，因此这类外加剂型快硬混凝土要根据实际工程情况谨慎选择。

2. 用快硬早强水泥配制快硬混凝土

以快硬早强类水泥和外加剂配制早强快硬混凝土是目前的主要制备方式之一。这类快硬早强水泥主要包括高铝水泥、快硬硫铝酸盐水泥、快硬硅酸盐水泥、磷酸盐水泥等。另外，可通过复合理论实现快硬早强混凝土的制备，如混合材方面复合和不同系列水泥之间的复合，前者是指在水泥中加入多种混合材，改变混合材的掺量及颗粒分布从而实现快硬早强的目的。而不同系列水泥之间的复合是基于熟料矿物组成及水化的机理，不同系列水泥熟料的化学和矿物组成不同，水化产物的组成和结构也不同，复合可以通过改变水化产物组成和结构来实现性能的调节。

用快硬早强水泥配制快硬混凝土可采取以下六个方面的技术途径：

1）采用快硬硅酸盐水泥配制快硬混凝土

快硬硅酸盐水泥早期强度发展很快，后期强度持续增长，可用来配置早强、高强混凝土，主要用于需要早期强度极高的紧急工程、抢修工程、国防工程以及制造预应力钢筋混凝土构件。快硬硅酸盐水泥终凝和初凝之间的时间间隔很短，早期强度发展很快，后期强度持续增长。用该水泥还适用于制作蒸养条件下的混凝土制品，但因水化放热比较集中，不宜用于大体积混凝土工程。用快硬硅酸盐水泥配制快硬混凝土在配合比设计、施工方法等方面与普通混凝土基本相同。

2）采用高铝水泥配制快硬混凝土

高铝水泥（矾土水泥）具有快硬高强、低温硬化快、耐热性好、耐蚀性、不透水性等优点。高铝水泥混凝土，即是以高铝水泥为胶凝材料所配制的快凝快硬型混凝土。

高铝水泥混凝土具有快硬高强的特点，并且低温硬化快、耐热性能好，尤其是耐腐蚀性优良。其主要用途范围包括以下三个方面：

（1）紧急抢修工程，需要快硬的军事工程及用于路面、桥面板、机械基础等加固工程；

（2）要求具有一定早期强度的特殊工程；

（3）冬期特别寒冷地区施工工程及地下、水下工程。

用高铝水泥配制快硬混凝土时应注意：

（1）集料不得使用含碱性集料；施工过程中不能与硅酸盐类水泥接触或混合，以避免产生不良作用；

（2）高铝水泥混凝土表面容易起砂，在养护不当时尤甚，因此每立方米混凝土高铝水泥用量不应较多；

（3）水灰比一般采用0.50～0.60左右，如搅拌完毕隔一段时间后发现表面似乎硬结时（假凝），不要再另加水，只需用工具稍加重新搅动，灰浆或混凝土即会重新变稀；此外还应注意，拌合水不能含碱性。

3）采用硫铝酸盐水泥配制快硬混凝土

硫铝酸盐水泥的主要矿物成分在水化过程中迅速与石膏反应生成钙矾石（AFt）和氢氧化铝凝胶，从而获得较高的早期强度。硫铝酸盐超早强水泥除具有早强和快硬特性外，还有微膨胀、耐硫酸盐侵蚀等特性。硫铝酸盐超早强水泥混凝土的4h抗压强度可达10～25MPa，1d抗压强度可达30～60MPa，在实际工程中，为了调节混凝土的凝结时间，可掺入适量缓凝剂。

用硫铝酸盐水泥替代普通硅酸盐水泥，并在混凝土拌合物中掺入纤维制成的高韧性快硬混凝土是一种新型水泥基复合材料。高韧性快硬混凝土具有凝结硬化快、早期强度高、抗拉强度较好、韧性好等优点。掺入一定量的纤维后，在微观界面上，纤维承受了一定拉应力，降低了裂缝端部的应力集中效应，限制了混凝土裂缝继续开裂，因此宏观上表现出良好的抗拉强度。

4）采用硫铝酸盐水泥-普通硅酸盐水泥复合胶凝体系配制快硬混凝土

基于硫铝酸盐水泥早强高、硬化快的优点，同时发挥普通硅酸盐水泥后期强度持续增长的特性，可将硫铝酸盐水泥和普通硅酸盐水泥按一定比例复合作为基本胶凝体系，同时辅以外加剂和掺合料配制快硬混凝土。复合胶凝体系生成的主要水化产物为：水化硅酸钙和水化硅酸钙凝胶、氢氧化钙、水化铝酸钙和水化硫铝酸钙晶体。在适量石膏的参与下，硅酸盐水泥熟料矿物水化能和硫铝酸盐水泥矿物水化相互促进，生成最佳量的钙矾石、铝胶、水化硅酸钙等物质。

这种快硬混凝土在改善结构构件的力学性能、变形性能、抗腐蚀性能等方面具有显著效果，将其用作修补材料还能够与原基层材料产生超强的粘结，可以实现快速、超薄层修补，主要适用于应急抢修、地下和水下工程、桥梁吊装、快速施工、预埋孔灌注、喷锚支护、节点浆锚、隧道、堵漏等工程施工。

5) 采用磷酸镁水泥配制快硬混凝土

高强快硬磷酸镁混凝土是由 MgO、磷酸盐、粉煤灰、缓凝剂、砂子、碎石和水按一定比例配制而成，其中 MgO 是在 1700℃ 左右高温条件下，经菱镁矿煅烧而产生，磷酸盐加入水会生成氢离子和磷酸根离子，用于配制快硬混凝土用的磷酸盐大部分是磷酸二氢铵，由于这种混凝土反应速度很快，控制其施工操作很困难，所以必须用缓凝剂加以抑制，根据不同种类的缓凝剂试验结论，得出硼砂的缓凝效果最佳。

高强快硬磷酸镁混凝土凝结时间很快，采取措施加以控制可以满足工程操作要求 4～7min 左右初凝；早期强度大，1h 的抗压强度可达到 25MPa 以上，足以满足应急抢修工程的快速修补要求；加入水后，反应放出的热量非常大，即使在−10℃的气温条件下，也可以满足施工条件的要求；与旧混凝土的粘结效果很强，因此广泛地应用于混凝土结构的快速修补及抢修抢建工程。

采用磷酸镁水泥配制的快硬混凝土在实际工程使用中仍然需要解决一些问题：

(1) 在工程上应用时，其凝结时间非常短，经常还没有完全成型，就已经硬化，导致可操作的时间很短，甚至失去工作性能。为了增加其凝结时间、调节施工可操作性，一般可通过增加水胶比或掺入缓凝剂来实现，但强度会大幅度下降，因此施工工艺也需要不断完善。

(2) 原料费用大，对于普通工程修补不适合，这也决定了其只能应用于应急抢险工程中，要使其不仅仅局限于此，对其成本的降低研发也至关重要。

(3) 为了改善混凝土的脆性，像普通混凝土一样可通过加入适当比例的聚丙烯纤维来改善混凝土的韧性。

(4) 如果其长期处于水中，强度会出现倒缩，因为耐水性比较差，因此在有水环境中要注意此类混凝土强度的下降问题。

6) 采用氟铝酸盐水泥配制快硬混凝土

氟铝酸盐水泥是一种新型快硬水泥，以矾土、石灰石、萤石（或再加石膏）经配料煅烧得到以氟铝酸钙为主要矿物的熟料，再与石膏一起磨细而成的水泥，矿物组成主要为氟氯酸钙、A 矿、B 矿和铁铝酸钙固溶体。采用氟铝酸盐快凝快硬水泥，同时加入减水剂、早强剂、粉煤灰等外加剂和掺合料配制快硬混凝土，快硬混凝土 4h 抗压强度可达34MPa，主要用于机场跑道、道路的紧急抢修工程，特别是在机场、码头、交通枢纽遭到破坏时被紧急应用。

4.2 聚合物水泥混凝土

按照混凝土中胶凝材料的不同组成，聚合物水泥混凝土有两种基本类型：聚合物改性混凝土和聚合物浸渍混凝土。

1. 聚合物改性混凝土

普通混凝土是一种质优量大的结构材料，是建筑工程中应用最广泛的建筑材料。但是，与本身的抗压强度比较，其抗拉、抗弯强度很小，伸缩变形能力也小，在温、湿度变化条件下易产生裂纹或裂缝，耐化学腐蚀性能较差，而聚合物改性水泥混凝土弥补了普通混凝土的这些不足。

1）聚合物改性混凝土机理

聚合物改性混凝土，是在普通水泥混凝土拌合物中再加入一种有机聚合物，以聚合物与水泥共同作胶凝材料粘结集料配制而成。当聚合物加入到新拌混凝土拌合物时，聚合物颗粒均匀分散到水泥浆体中，水泥水化反应生成氢氧化钙、钙矾石及水化硅酸钙凝胶体，乳液中的聚合物颗粒沉积到凝胶体和未水化水泥颗粒上，随着水化进行，聚合物颗粒逐渐聚集在毛细孔中，并在凝胶体表面、未水化颗粒上形成紧密堆积层，因此改善了水泥砂浆硬化体的物理组织结构，增强了聚合物改性混凝土的致密性。将有机聚合物搅拌在混凝土中，聚合物树脂在混凝土内形成膜状体，填充水泥水化产物和集料之间的间隙，与水泥水化产物结成一体，起到增强同集料粘结的作用。与普通混凝土相比，聚合物水泥混凝土不仅提高了普通混凝土的密实度和强度，而且显著地增加抗拉强度、抗弯强度、抗化学腐蚀性能和减少收缩变形等。

聚合物可以乳液、再分散粉末或水溶性聚合物粉末的方式以及单体或聚合物的液体树脂等形式掺入到混凝土中。当聚合物以乳液的方式加入到混凝土中，叫作乳液改性水泥基材料，是聚合物改性混凝土中应用最普遍的形式，这种聚合物改性混凝土只需在新拌混凝土或砂浆拌合过程中与其他组份加到一起即可，但乳液中水分必须在设计配合比时预先扣除。

聚合物可以粉末的形式掺入到聚合物改性混凝土中，乳液在制造过程中经喷雾干燥即形成可分散粉末，加入到水泥浆体中重新形成乳液并在养护过程中干燥成膜。可再分散粉末的优点不仅在于它比乳液易于包装、储存、运输和供应，更为重要的是它与水泥和砂等预拌包装制成单组份产品，用时加水即可，因此使用、施工十分方便。

用于聚合物改性混凝土中的树脂包括环氧树脂、不饱和聚酯树脂、甲基丙烯酸甲酯单体、氨基甲酸乙酯、呋喃树脂、酚醛树脂等。环氧树脂是指热固性树脂，它广泛应用于聚合物改性混凝土中，典型的环氧树脂砂浆或环氧树脂混凝土就是通过将环氧树脂和固化剂分别加入到混凝土拌合物中制得的。值得注意的是环氧树脂在新拌水泥浆中不需要加入固化剂就能聚合和硬化，这是由于水泥水化产物氢氧化钙碱溶液在树脂聚合过程中已起到催化作用，因此可以大大简化配制过程，减少环境污染和对人体的毒害。

2）聚合物改性混凝土特点

对于新拌聚合物改性混凝土来说，聚合物的加入就像"滚珠"一样使水泥及水化颗粒相对运动更容易，可减少用水量，提高坍落度。硬化后的聚合物使得混凝土的抗压强度、抗拉强度和抗弯强度均得到提高，特别是粘结强度大大增大，另外，聚合物改性混凝土的抗冻融能力、耐水性、耐温性等也较好。聚合物改性混凝土的拌合与普通混凝土和砂浆相似，但是养护有不同之处，普通混凝土需要长期的湿养护，聚合物改性混凝土一般在空气养护后仅需 1～2d 的湿养护，当达到足够强度后就可投入使用。

聚合物改性混凝土修复材料的最大优点是新旧混凝土界面粘结力强、抗折强度高。但是，与特种快硬水泥相比，聚合物改性混凝土早期强度较低，且聚合物的价格昂贵，使其不能大范围地应用于实际工程。为了弥补早期强度低的缺陷，可以采用超早强水泥基材料作为基础胶凝体系，加入适量的有机树脂，在满足施工要求的情况下，配制出早强快硬聚合物改性混凝土。

3）聚合物改性混凝土在抢修抢建工程中的应用

聚合物改性混凝土在建筑领域应用较多的有 EVA（乙烯-乙酸乙烯共聚乳液）、PAE、环氧树脂等，由于聚合物材料凝结硬化速度快、强度高，具有优良的修补性能，因而可广泛应用于混凝土工程的抢修抢建中，在路面、地板、防水、防腐等方面简单实用，用于喷射混凝土和新旧混凝土接头，特别是施工缝的处理，尤为显著。

聚合物改性混凝土配制工艺比较简单，利用现有普通混凝土的生产设备即能生产，成本较低，用途广泛。聚合物改性混凝土的施工要点：

（1）聚合物水泥混凝土的配制工艺与普通混凝土相似，其区别只是将水泥与树脂聚合物共同作为胶结材料。

（2）聚合物水泥混凝土还可采用先将单体直接加入，然后用聚合的办法制得。

（3）采用聚合物粉末直接加入水泥的方法来配制聚合物水泥混凝土时，在混凝土配制和初始硬化后，加热混凝土使聚合物熔化，这样树脂聚合物便浸入到混凝土的孔隙中，待冷却后和聚合物凝固而成。

2. 聚合物浸渍混凝土

聚合物浸渍混凝土就是将一种有机聚合物单体浸渍到混凝土表层的孔隙中，经聚合处理而成一整体的有机-无机复合的新型材料。浸渍混凝土主要由基材和浸渍液两部分组成。其主要特性是强度高，浸渍后混凝土抗压强度提高 4 倍，抗拉强度提高 3 倍，抗弯强度提高 3 倍，透水性几乎忽略不计。

聚合物浸渍混凝土可用于管道、预制桥面板、高强混凝土柱、地下支撑系统、预制隧道衬砌、铁路轨枕、海上钻井平台等。在混凝土结构修补中，主要采用真空浸渍处理混凝土表面裂缝，真空浸渍技术处理特别适合有大量裂缝的混凝土表面的修补。在真空浸渍前，首先把需要处理的混凝土用不透气的塑料薄膜覆盖，四周密封，然后采用真空泵把已覆盖的混凝土内孔隙中的空气抽出，接着灌入树脂浆液，在大气压作用下树脂浆液浸渍到混凝土薄膜的裂缝和孔隙中。

聚合物浸渍混凝土性能优良，但由于其实际操作过程较为复杂，特别是对于大型构件及大面积需要修补加固的混凝土结构，实施操作较为不便。

4.3 聚合物混凝土

聚合物混凝土也称树脂混凝土。树脂混凝土是以合成树脂（有机聚合物）或单体为胶结材料，不使用水泥，以砂石为集料的混凝土。常用一种树脂或几种树脂及固化剂，与天然或人工集料混合固化而成。为了减少树脂的用量，可以加入适量填料粉砂等材料作为掺合料。聚合物混凝土完全用聚合物作为胶结材料，不使用水泥，因此，树脂混凝土常常被称作塑料混凝土。

1. 聚合物混凝土特点

聚合物混凝土的强度极高，是普通混凝土的几倍以上，抗渗性、粘结性、耐水性、耐冻融性、耐磨性及耐化学腐蚀性能等都比普通混凝土优越，尤其是具有优良的电绝缘性能，因此可广泛应用于粘结、防腐、防水、修补加固等各个方面。聚合物混凝土主要应用于三类修补：一是快速固化，高强的结构修补；二是地板和桥面板的薄面层（5~19mm）的修补；三是在遭受化学侵蚀区域的修补加固。

聚合物混凝土快速的固化意味着更少的浇筑和施工时间，混凝土的固化时间根据环境温度变化而变化，凝结时间可少于 15min，也可以大于 1h，并且外界环境的温度对聚合物的固化时间和性能都有较大的影响。聚合物混凝土主要修补路面凹坑，修补机场跑道、铁路、桥梁和隧道工程中大面积混凝土表面的修补、工业底面抗磨防腐保护、水工混凝土抗冲磨保护等。聚合物混凝土是一种快速固化和高强的修补材料，其拌合、浇筑以及振捣密实方式与普通混凝土基本相同。

由于聚合物混凝土具有的特殊性能和用途，自 1950 年开始研究以来，受到很多国家的重视，在我国建筑领域其研究和应用也逐步推广。另外，聚合物混凝土具有施工方便、工艺简单、硬化快等特点，在装配式建筑板材、桩、管道等预制构件中得到广泛应用；如果配上适当颜色，或选择彩色集料，外表美观，故有时人们称它为人造大理石、人造花岗石或人造玛瑙。

2. 聚合物混凝土种类

聚合物混凝土常用的树脂材料包括：聚酯树脂、环氧树脂、酚醛树脂、聚氨基甲酸酯树脂、呋喃树脂、丙烯酸酯树脂等。常用的环氧树脂混凝土和聚酯树脂混凝土的配合比可参考表 4-1。

环氧树脂混凝土和聚酯树脂混凝土参考配合比 表 4-1

组成材料	环氧树脂混凝土	聚酯树脂混凝土
环氧树脂	180~220	—
增塑剂（二丁酯）	36~44	180~220
不饱和聚酯树脂	—	—
固化剂（乙二胺）	8~19	2.0~4.0
引发剂	—	0.5~2.0
促进剂	—	350~400
粉	350~400	700
砂	700~760	1000~1100
石子	1000~1100	—

聚合物混凝土与普通混凝土和聚合物改性混凝土相比具有更多优良性能，常用聚合物混凝土的技术性能见表 4-2。

常用聚合物混凝土技术性能 表 4-2

技术性能	环氧树脂混凝土	聚酯树脂混凝土	水泥混凝土	聚合物改性混凝土
抗压强度（MPa）	5.5~110	5.5~110	20~70	10~80
抗压弹性模量（×10⁴ MPa）	0.5~20	2~10	2~3	1~30
抗弯强度（MPa）	25~50	25~30	2~5	6~15
抗拉强度（MPa）	9~20	8~17	1.5~3.5	2~8
极限拉伸（%）	15	0~2	—	0~5

续表

技术性能	环氧树脂混凝土	聚酯树脂混凝土	水泥混凝土	聚合物改性混凝土
线性膨胀系数(mm/℃)	$(25\sim30)\times10^{-6}$	$(20\sim35)\times10^{-6}$	$(7\sim12)\times10^{-6}$	$(8\sim20)\times10^{-6}$
吸水率(25℃,17d)(%)	0~1	0.2~0.5	5~15	0.1~0.5
承载下最大允许温度(℃)	40~80	50~80	>300	100~300
20℃下强度发展速率	6~48h	2~6h	7~28d	1~7d

3. 聚合物混凝土在抢修抢建工程中的应用

聚合物混凝土作为快速修补材料，一般根据剥落面积、剥落厚度、裂缝情况等进行选择，常用混凝土修补材料的选择可参考表 4-3。

常用混凝土修补材料的选择参考　　　　　　　　　　　表 4-3

修补材料	大面积剥落厚度(mm)			小面积剥落厚度(mm)		裂缝封填	结构裂缝修补	胶粘剂	蜂窝混凝土
	25	12~25	6~12	12~25	6~12				
混凝土、喷射混凝土、水泥砂浆(掺或不掺外加剂)	△								
聚合物改性水泥砂浆		△		△					
环氧砂浆			△		△				
聚酯树脂砂浆					△				
潮湿型环氧树脂								△	
丁苯胶乳丙烯酸酯共聚胶乳						△		△	
低黏性聚酯和丙烯酸树脂						△			
低黏性环氧树脂							△		△
浸渍聚合物					△	△	△		△
特殊浸渍表面涂层和表面封填剂						△			
万能胶粘结、聚醋酸乙烯酯及改性砂浆						△		△	

聚合物混凝土（树脂混凝土）施工时应注意以下要求：

1）聚合物混凝土黏度较高，需要进行强制式的快速搅拌；

2）聚合物混凝土应在搅拌后立即送到施工现场铺开，在允许时间内全部用完；

3）与普通水泥混凝土的硬化条件不同，聚合物混凝土硬化时随液态树脂和固化剂、引发剂、促进剂的种类及掺量的变化而变化；

4）聚合物混凝土除自然养护外，根据固化时间要求和温度条件，还可以加热养护快速固化，通常有常温硬化法和加热硬化法。

4.4　水下不分散混凝土

普通混凝土在水下直接浇筑时，在水流作用下会产生分离，水泥流失，强度下降，并且污染环境。因此，在水下进行混凝土施工时，通常采用隔水法，采用改进的施工机具，使混凝土拌合物减少或杜绝与水的接触，从而避免水的影响，解决水中混凝土的浇筑和质量问题，因此水下浇筑混凝土的施工工艺比普通施工更为复杂，工程成本大大增加，并且难以保证混凝土的质量。

为了解决水下混凝土实际浇筑问题，从 20 世纪 70 年代开始，德国、日本先后研制开发了配制水中混凝土的专用外加剂，即水下抗分散剂，也被称为特殊外加剂，这是一种新型混凝土外加剂，掺入后可大大提高混凝土拌合物的黏度，使得混凝土在水下施工时抗离析、抗分散、自流平，从而制备出一种全新水下不分散混凝土（亦称水中不离析混凝土、水中抗分散混凝土），大大简化了水下混凝土的施工工艺，促进了水中混凝土施工技术的发展，具有划时代的意义。水下不分散混凝土因其水下施工的优越性与经济性而越来越多地被用于水下施工与修补工程中。

1. 水下不分散混凝土机理

水下不分散混凝土所用的水下不分散剂（特殊外加剂）有两大类：一类为丙烯酸系，一类为纤维素系，目前使用较多的主要是纤维素系，其使用量约占 95%。1984 年中国石油天然气总公司工程技术研究所开始进行研究，研制出了世界先进水平的混凝土施工专用外加剂，如 UWB 型系列絮凝剂，后来又研制出 SCR 系列聚合剂，在工程中进行广泛应用，取得良好的经济技术效益。此后我国又不断推出一系列新型水下不分散混凝土专用外加剂，如 PN 系列外加剂。

水下抗分散剂的作用机理：水下不分散混凝土外加剂是一种水溶性的高分子聚合物，其掺入混凝土中，使混凝土拌合物黏聚性大大增大，提高水下混凝土抗分散性。这主要是由于水下不分散混凝土外加剂在混凝土拌合物中与水泥浆体之间的物理、化学作用的共同结果，其作用主要表现在三个方面，即外加剂长链结构的桥架作用、表面活性作用和长链分子的桥键作用。

抗分散剂是配制水下不分散混凝土的关键，欧美及部分国家称其为不分散剂，日本称其为增稠剂或抗水洗剂。抗分散剂由主剂和辅助剂两部分组成。主剂又可称为絮凝剂，主要作用是提高混凝土拌合物的黏度，辅助剂的作用是减少混凝土拌合物水下浇筑时的吸水量，改善新拌和硬化混凝土的性能，如各种减水剂、早强剂、膨胀剂、矿物掺合料等。水下不分散新拌混凝土的性能主要包括抗分散性、自流平与填充性、保水性和凝结特性，其中抗分散性是水下混凝土最重要的一个技术指标，直接关系到水下混凝土的施工工艺和工程质量。抗分散性能的影响因素可分为内因和外因，内因主要是絮凝剂类型与掺量、水灰比、减水剂类型与掺量、矿物掺合料等；外因主要是水流速、水压、施工质量等。

絮凝剂是抗分散剂的主剂，根据水溶性聚合物的形成方式，将絮凝剂分为天然、半合成和合成聚合物三大类：①天然聚合物，包括淀粉、瓜尔胶、刺槐豆胶、海藻酸钠、琼脂、阿拉伯胶、威尔士胶、黄原胶、鼠李糖和胶兰胶，以及植物蛋白等；②半合成聚合物，包括分解淀粉及其衍生物、纤维素醚衍生物，例如羟丙基甲基纤维素（HPMC）、羟乙基纤维素（HEC）和羧甲基纤维素（CMC），以及电解质（例如海藻酸钠和丙二醇海藻酸钠等）；③合成聚合物，主要是乙烯基聚合物（如聚环氧乙烷、聚丙烯酰胺、聚丙烯酸酯）。

2. 水下不分散混凝土施工工艺

水下浇筑混凝土拌合物必须要具备较好的和易性、流动性、保水性及较大的表观密度等性能。水下混凝土浇筑主要分为四种主要的方法：导管法、装袋叠置法、开底吊桶法、泵送法等。

导管法是利用导管输送混凝土使之与水隔离，依靠管中混凝土的自重以及泵的推力，压管口周围的混凝土在已浇筑的混凝土内部流动、扩散，以完成浇筑工作。

装袋叠置法是在水下浇筑混凝土的最古老、最简单的技术之一，这种施工方法劳动强度大，但在应用中具有很强的适应性。袋子具有延展性，可以互锁，水泥浆渗透粗麻布的织物并有助于袋之间的粘合，但是过度拉动袋子会降低放置操作所需的延展性。

开底吊桶法是利用底部可以开合的吊桶，将需要浇筑的混凝土放置在吊桶中，尽量保持混凝土拌合物与环境水的接触始终为同一表面，吊桶中的混凝土顶部用帆布或防水油布覆盖，将装有混凝土的吊桶用起重机放置到需要浇筑的位置，底部则在水下打开以使混凝土在不受扰动的情况下灌注。

泵送法是利用混凝土输送泵作为主要施工机具，将拌合好的混凝土的输送及浇灌一次完成，可以灌注出工作度良好及强度相当高的混凝土。泵管的混凝土出口端一般需要埋入混凝土中 30～40cm，最深不超过 1m，如果过浅，则可能发生水向管内倒流，若过深，则管内压力增大，潜伏着危险。泵送法一般不宜用于水深超过 15m 的情况。

水下不分散混凝土与普通混凝土的拌合方法相同，首先根据设计的要求及施工现场供应的水泥、砂石料等按照配合比计算用量，拌好的混凝土进行水下浇筑。目前常采用的水下成型方法有水中自落施工法、水下振捣施工法及水下自流灌浆施工法，对深度很大的水下浇筑，一般采用导管法、泵送浇筑水下混凝土外，对较浅的水域，可用开口吊罐、手推车、溜槽、自流灌浆等简易方法输送浇筑，混凝土能够自流平、自密实，不用振捣。对重要工程也可采用干硬性混凝土，在振捣器所及的浅水中可采用振捣方法，且不离析，表面平整。

1）水中自落施工法

这种混凝土遇水不离析，水泥不流失，可在水下直接下落和浇灌；减少水下工程常用的围堰、浇捣等临时建筑；取消地下工程的人工降水等技术措施；简化一般的导管法、泵送法等施工，实现施工工艺陆地化，节约工期 50％以上，节约投资约 50％，具有显著的技术经济效益。

2）水下振捣施工法

现行规范、规定、规程均禁止扰动已浇筑的水下混凝土，但一些研究成果和工程实践却证明，在振捣器所及的浅水中采用水下振捣不分散混凝土更好，不仅混凝土不离析，而且可以用较低的水灰比，混凝土强度也有所提高。该技术开发后已在海军某海上工程、渤海石油公司码头、华东输油局抗洪抢险、深圳码湾电厂过渡码头等工程广泛应用。

3）水下自流灌浆施工法

水下不分散混凝土，可以用小车或输送泵等工具将不分散砂浆或混凝土浇到水下狭窄缝隙，起到充填、固结、堵漏、锚固等作用。该技术在很多工程中已广泛应用，效果良好。

水下不分散混凝土自研发以来，已经取得了一定的发展。但目前水下不分散混凝土大多用于浅水及水流速较小或静水的环境中，但在实际工程中，施工环境复杂，且对水下混凝土耐久性的要求越来越高，因此对于在高水压及动水作用下抗分散剂研究、减水剂与抗分散剂的相容性研究，以及目前水下不分散混凝土的强度普遍较低（C20～C35）问题，开发满足海工建筑修补的以硫铝酸盐水泥为胶凝材料的抗分散混凝土研究等方面应加强研究与应用。

4.5 硫磺混凝土

硫磺是一种重要的工业化工产品和化工原料，其主要源于石油脱硫工艺而产生的副产物。将硫磺作为一种环保的热塑性材料代替水泥作为建筑材料的胶结材料便有着很多优势和潜力。

硫磺混凝土的研究始于 20 世纪 30 年代，是近年来新兴起的一种热塑性材料，是将刚熬制好的硫磺砂浆灌注于耐酸粗集料空隙中配制而成，而硫磺砂浆则是以硫磺为胶结材料，聚硫橡胶为增韧剂，掺入耐酸粉料和细集料加热、熬制而成。

1. 硫磺混凝土特点

硫磺混凝土与传统的水泥混凝土相比，具有更好的耐酸、盐侵蚀性，更好的抗渗性以及特有的可持续利用特性。由于胶粘剂为单一的硫磺，硫磺混凝土的制备不需要水参与，也不需要特殊的养护条件，凝结硬化速度快，常温放置数小时可拆模，放置一天可接近试样最终强度。目前硫磺在建筑工程中主要应用于浇筑临时支座，还有用于修补桩头、轨道铺设等。临时支座的应用较为成熟，在大部分连续梁桥施工时，将电阻丝预埋在硫磺砂浆支座内，只需要通电即可达到快速拆除的效果，节省人力和时间。有学者通过对硫磺改性使硫磺混凝土高强高性能化，以适应太空恶劣的环境。除了太空材料方面，硫磺也被用于放射性固废的固化研究。

在硫磺混凝土的硬化过程中，硫磺从液态转化为晶体，会导致其体积缩减；在硬化时新拌浆体的温度分布不均，导致硫磺收缩孔分布不均匀，同时产生较大的收缩应力，严重降低了硫磺混凝土的力学性能。为了改善硫磺混凝土的这些缺陷，可对硫磺改性或在硫磺混凝土中掺入水泥、粉煤灰、矿渣等活性填料以改善混凝土的性能。用一定体积的填料替代硫磺也能有效减少硫磺混凝土硬化后形成孔洞的数量和体积，从而提高基体的密实度。水泥、粉煤灰、矿渣、硅灰为当前常用填料，对硫磺混凝土的性能有不同的影响，例如，粉煤灰的掺入显著改善了新拌硫磺混凝土浆体的工作性，水泥和矿渣的掺入可以提高其抗压强度，而硅灰等微颗粒填料却没有达到同样的效果，甚至严重降低了新拌硫磺混凝土的和易性。另外，掺入纤维可以有效地提高混凝土的早期抗裂性能，延缓新裂纹的出现，能改善基体的韧性。

硫磺混凝土具有密实性好、强度高、硬化快等特点。它能耐大多数无机酸、中性盐和酸性盐，不耐 5% 浓度以上的硝酸、强碱及有机溶液。但耐磨性、耐火性差，性质较脆，收缩性大，易出现裂纹和起鼓，不宜用于温度高于 90℃ 以及与明火接触、冷热交替频繁、温度急剧变化和直接承受撞击的部位及面层嵌缝材料。

2. 硫磺混凝土在抢修抢建工程中的应用

硫磺混凝土施工方便，不需养护，由于具有快速固化和良好的硬化性质，赋予其许多特殊的用途。它特别适用于抢修工程、耐酸设备基础、浇筑整体地坪面层等工程部位。硫磺混凝土用作贮酸池衬里（地上或地下）、过滤池、电解槽、桥面、工业地面、下水管等，并已作为非金属衬里防腐蚀贮槽设计通用图册中的一种结构构造形式。硫磺混凝土快速抢修技术的优越性在于它有非常高的疲劳寿命，远大于沥青混凝土的值，并且在 115～

160℃之间可很好地与骨料混合，迅速达到所要求承载强度、弹性模量和极限强度，且与普通水泥混凝相近，所以它是一种较好的快速修复技术，可用于路面等混凝土结构的快速修补。

硫磺混凝土施工时需注意以下要点：

1）硫磺混凝土是以硫磺胶泥或硫磺砂浆注入松铺的碎石层内而形成的。

2）耐酸石子在施工前必须干燥，并应预先在铁板上加热后再虚铺，使之在浇筑时保持40~60℃。

3）浇筑平面时，每一浇筑区的面积分仓，每仓面积以2~4m² 为宜。硫磺混凝土在修补路面等平面结构时，修补步骤与沥青混凝土的基本相同，在压实的碎石和砂料上铺设1~2层硫磺混凝土，用人或机械设备整平，碾压2~3次即可。

4）浇筑立面时，每层硫磺混凝土的水平施工缝应露出石子，垂直施工缝应相互错开。

4.6 补偿收缩混凝土

补偿收缩混凝土是一种微膨胀混凝土，当膨胀剂加入普通水泥和水拌合后，水化反应形成膨胀性水化物钙矾石和氢氧化钙，形成膨胀源。补偿收缩主要用来减少混凝土基材由于干燥收缩产生的裂缝。

1. 补偿收缩混凝土机理

补偿收缩混凝土内主要产生膨胀和收缩两种变形，膨胀来源和能量由膨胀剂的种类和掺量而定，在约束条件下产生限制膨胀力为0.2~0.7MPa；收缩主要与水泥的种类与用量、水灰比、外加剂和骨料用量等有关。膨胀剂主要有硫铝酸盐、石灰系、铁粉系、氧化镁系以及复合型膨胀剂等。硫铝酸盐膨胀剂是国内最常用的膨胀剂类型，又叫明矾石膨胀剂。典型的硫铝酸盐膨胀剂有 UEA、ZY 和 CSA 等系列，其主要是利用硫铝酸钙和石膏等与水泥或水化产物反应生成钙矾石 $C^3A \cdot 3CaSO_4 \cdot 32H_2O$ 和 $Ca(OH)_2$，产生体积膨胀，膨胀能较大。石灰系膨胀剂是以 CaO 为膨胀源，其膨胀反应为 $CaO + H_2O \rightarrow Ca(OH)_2$，当 CaO 与水反应时体积增加约97%。氧化镁系膨胀剂是在一定温度下煅烧成 MgO 后磨制而成，其膨胀反应为 $MgO + H_2O \rightarrow Mg(OH)_2$，这个反应体积增加约2.2倍，因为氧化镁水化反应速度较慢，膨胀剂的周期较长，拥有延迟补偿的特性，因此氧化镁类膨胀剂特别适合在水利工程中应用。目前，在实际工程中除了使用单一膨胀源的膨胀剂外，一些双膨胀源外加剂如硫铝酸钙-氧化钙双膨胀剂等也逐步广泛应用。

当混凝土膨胀时会对钢筋产生拉应力，同时钢筋也会对混凝土产生相应的压应力，相当于提高了混凝土的早期抗拉强度，当混凝土开始收缩时，其抗拉强度已增长到足以抵抗收缩产生的拉应力，从而防止和大大减轻混凝土的收缩开裂，达到抗裂防渗的目的。

膨胀混凝土作为修补材料，要根据混凝土结构特点和施工条件来确定混凝土的最小和最大限制膨胀率。若膨胀混凝土的限制膨胀率过小，只能提高混凝土的抗渗性而不能补偿混凝土的收缩；过大则影响强度甚至造成胀裂破坏。因此膨胀剂的选型与掺量要充分考虑适应性、耐久性及施工方法等，对于C30~C50混凝土，膨胀剂的推荐掺量为6%~10%。

2. 补偿收缩混凝土在抢修抢建工程中的应用

补偿收缩混凝土具有抗裂防渗的双重功能，这是其他外加剂防水混凝土所不具备的。补偿收缩混凝土因其具有显著的补偿混凝土非结构性收缩的特点，使其在地下工程主体结构自防水混凝土中得到广泛应用，可广泛应用于混凝土结构自防水、控制收缩裂缝的接头以及连同用来进行水密封和荷载转移的正常设施。另外，补偿收缩混凝土可用来减少混凝土板、路面、桥面板以及结构干缩引起的裂缝，也用来减少混凝土由于单面产生干燥收缩和碳化收缩引起的弯曲趋势。

补偿收缩混凝土可用于抢修、补漏、加固、接缝等快速维修，也可用于浆锚法连接点、连接件连接等部位。补充收缩混凝土在修补加固中特别适合水泥混凝土路面的快速修补，可以用快硬类硅酸盐水泥为胶结料，以膨胀剂、硅灰等为掺合料，辅之超早强减水剂等外加剂，配制快硬早强且耐久性良好的补偿收缩混凝土。

4.7　沥青混凝土

采用石油沥青或焦油沥青（煤沥青）为胶结材料，与石粉、粗细集料等矿物质混合料按照使用要求的配合比和温度加热拌匀，经摊铺、碾压或捣实的混凝土，称之沥青混凝土。沥青混凝土对破损道路修复操作方便、应用广泛。

1. 沥青混凝土特点

沥青混凝土的结构具有一定弹性，材料来源广，价格低廉，施工简便，不需养护，冷固后即可快速使用，能耐中等浓度的无机酸、碱和盐类的腐蚀；缺点是耐热性较差（使用温度不超过 60℃），夏季高温易流变，冬季低温易脆裂；易老化，强度低，遇重物易变形；色泽不美观；用于室内影响光线等。

沥青混凝土按组成材料或施工方法不同分为碾压沥青混凝土和注入式沥青砂浆或沥青胶（玛蹄脂）；按用途和性质分为耐腐蚀沥青混凝土、道路沥青混凝土和水工沥青混凝土等。

沥青混凝土主要用于铺筑路面、防腐工程及海港工程中的沥青护面、沥青衬里和沥青屋面等。沥青材料的强度与温度有密切关系，在施工时其环境温度不宜低于 5℃，最高使用温度也不宜大于 60℃。沥青混凝土参考配合比见表 4-4。

沥青混凝土参考配合比　　　　　　表 4-4

沥青混凝土种类	混合物累计筛余率（%）									粉料和集料混合物（%）	沥青（质量计）（%）
	25	15	5	2.50	1.25	0.63	0.315	0.16	0.08		
细粒式沥青混凝土	—	0	22~30	37~60	47~70	55~78	65~85	77~88	75~90	100	8~10
中粒式沥青混凝土	0	10~20	30~50	43~67	52~75	60~82	68~87	72~90	77~92	100	7~9

2. 沥青混凝土施工

按照《公路沥青路面施工技术规范》JTG F 40—2004，沥青混凝土施工时注意以下施工要点：

1) 沥青混凝土摊铺前，在已涂有冷底子油的水泥砂浆或混凝土基层上，先涂一层稀沥青（沥青∶粉料＝100∶30）。

2) 沥青混凝土应连续施工，尽量不留施工缝。

3) 细粒式沥青混凝土，每层压实厚度不宜超过 30mm；中粒式沥青混凝土，不宜超过 60mm。虚铺厚度应经试压确定，用平板振动器时，一般为压实厚度的 1.3 倍。

4) 沥青混凝土表面层如有翘鼓、裂缝、脱落等缺陷，可将缺陷处挖掉，清理干净后涂一层热沥青，然后用沥青砂浆或沥青混凝土趁热填补压实。

3. 沥青混凝土在抢修抢建工程中的应用

在道路路面的修补中，沥青混凝土操作方便、应用广泛，早期主要采用原路面配合比的沥青混凝土或者采用沥青灌入式面层修补。部分水泥混凝土路面也可采用沥青混凝土进行修复。虽然使用沥青混凝土修复路面施工周期短，可以满足时间要求，但沥青混凝土存在强度低、对温度要求高等缺点，对于破坏严重的路段并不能完全满足修复要求。另外，修复后的路面不平整，与原路面相比色差大，会在一定程度上影响道路美观。

沥青混凝土作为路面快速抢修技术，一般的修复步骤包括：

1) 用周围的碎石和砂料分别填补坑道，并进行压实，直至距路面 25～30cm；

2) 在碎石和砂料上面铺设 25～30cm 的沥青混凝土，沥青混凝土分两层铺设，第一层由人工或机械铺平，用振动钢轮压路机碾压 2～3 次；第二层用电动平地机整平，用振动压路机碾压 3～4 次。两层沥青混凝土压实之间要间隔几个小时，铺设温度为 120～150℃。

机场跑道按照道面结构主要可分为水泥混凝土道面和沥青混凝土道面两种类型，大多数机场跑道是用水泥混凝土建造的。随着时间的延长，一些早期修建的机场水泥混凝土道面开始出现各种病害，给飞机起降造成很大安全隐患，因此对于老旧机场的道面修补加固越来越多。由于沥青混凝土道面比水泥混凝土道面具有更快的施工性、良好的平整性、抗滑性、减振性等优良特性，对于损坏的机场道面，为了节约资源，在其上加铺沥青面层成为最为直接的修复方案，此方法也是目前机场道面翻修和维护的重要方法。因此将有越来越多的水泥混凝土道面通过加铺的形式转变为沥青混凝土道面。

虽然沥青混凝土具有良好的抗滑性能、耐久性及行驶舒适性，但是对于机场沥青混凝土道面结构，当夏季温度较高时，由于飞机荷载的等待、滑行和制动等作用，经常会导致沥青混凝土路面出现轮辙、沉陷等病害；而在冬季低温时又可能引起道面开裂，进而产生裂缝等病害。为了改善这些缺点和不足，需要配制适用机场道面的高性能沥青混凝土，使其既具有优异的高温抗车辙能力以及良好的低温抗裂性能，同时具有良好的施工和易性。

机场道面沥青混凝土较常用的混合料类型包括传统的密级配沥青混凝土（AC）、沥青玛蹄脂碎石混凝土（SMA）、Superpave 混合料等。AC 型沥青混凝土即普通沥青混凝土，适用于城镇次干道、辅路或人行道等场所；SMA 型沥青混凝土是一种以沥青、矿粉及纤维稳定剂组成的沥青玛蹄脂结合料，填充于间断骨架中所形成一种间断级配的沥青混合料，5mm 以上的粗骨料比例高达 70%～80%，矿粉用量达 7%～13%（"粉胶比"超出通常值 1.2 的限制），沥青用量较多，高达 6.5%～7%。SMA 是当前国内外使用较多的一种抗变形能力强，耐久性较好的沥青面层混合料，适用于城镇快速路、主干路。Superpave 沥青混合料是美国战略公路研究计划（SHRP）的研究成果之一，Superpave 是 Superior Performing Asphalt Pavement 的缩写，中文意思就是"高性能沥青路面"。Superpave 沥青混合料设计法是一种全新的沥青混合料设计法，包含沥青结合料规范，沥青混合料体积设计方法，计算机软件及相关的使用设备、试验方法和标准。

沥青混凝土中沥青和矿质集料的质量以及性能是影响沥青混凝土质量和性能的主要因素。高性能沥青混凝土的配制通常采用改性石油沥青、级配良好的粗细集料，同时掺入矿粉、纤维及抗车辙剂等外加剂。

4.8　纤维增强混凝土

纤维混凝土，又称纤维增强混凝土，是以水泥净浆、砂浆或混凝土作基材，以非连续的短纤维或连续的长纤维作增强材料，所组成的水泥基复合材料的总称。纤维加入水泥基体中主要起到阻裂、防渗、抗冲击、提高抗拉性能等作用。

普通混凝土具有抗压强度高、抗拉强度小、易脆等特性，加入抗拉强度高、极限延伸率大、抗碱性好的纤维，可以克服这些缺点。由于纤维的抗拉强度大、延伸率大，使混凝土的抗拉、抗弯、抗冲击强度及延伸率和韧性得以提高。

1. 纤维增强混凝土特点及种类

纤维混凝土的主要品种有石棉水泥、钢纤维混凝土、玻璃纤维混凝土、聚丙烯纤维混凝土及碳纤维混凝土、植物纤维混凝土和高弹模合成纤维混凝土等。在混凝土中掺入一定比例的纤维，充分分散后形成一种新的混凝土复合材料。纤维在混凝土中的主要作用在于限制外力作用下基体中裂缝的扩展，在受拉、受弯初期，水泥基料与纤维共同承受外力，而前者是外力的主要承受者，当基料发生开裂后，横跨裂缝的纤维成为外力的主要承受者。若纤维体积掺量超过某一临界值，整个复合材料可继续承受较高的荷载，并产生较大的变形，直到纤维被拉断或纤维从混凝土基体中被拔出，直至复合材料破坏。

土木工程中应用最广泛的纤维混凝土包括四种：钢纤维混凝土（SFRC）、玻璃纤维混凝土（GFRC）、碳纤维混凝土（CFRC）以及合成纤维混凝土（SNFRC）。前三种都属于高弹模纤维混凝土，纤维能显著提高混凝土抗拉、抗压、抗弯等强度，韧性、延性、抗冲击性能也显著提高。碳纤维增强增韧效果最好，但价格最高，合成纤维一般都是低弹模纤维，它对混凝土只能起阻裂增韧、抗磨抗渗的作用，增强效果不明显，但价格低廉，施工方便，在工程中也得到广泛应用。

2. 钢纤维混凝土

在普通混凝土中掺入适量的钢纤维配制而成的混凝土，称为钢纤维混凝土。钢纤维混凝土是一种性能优良而且应用广泛的新型复合材料。钢纤维能阻滞基体混凝土裂缝的开展，从而提高抗拉、抗弯、抗剪强度，提高抗冲击、抗疲劳、裂后韧性和耐久性。

1）钢纤维混凝土配制及工程应用

20 世纪 70 年代，钢纤维作为一种新工艺是为了加固喷射混凝土衬砌，它最显著的特点是大大降低了过去那种繁重耗时的钢筋网制作，而代之以机械化的连续喷射混凝土施工。钢纤维类型有圆直型、熔抽型和剪切型钢纤维。其长度分为各种不同规格，最佳长径比为 40～70，截面直径在 0.4～0.7mm 范围内，抗拉强度不低于 380MPa。在施工时钢纤维在混凝土中的掺入量为 0.5%～2.0%（体积比），但最大掺量不宜超过 2.0%。

提高钢纤维混凝土的拉伸弯曲强度可以通过提高钢纤维含量、长径比及增强纤维与基体的粘结（如采用异型钢纤维）的方式得到。根据不同的用途，加入混凝土的纤维用量为混凝土体积 0.1%～2.5% 左右，当钢纤维体积含量在 1%～2% 范围内，混凝土抗拉强度提高 25%～50%，抗弯强度提高 40%～80%，抗剪强度提高 50%～100%。但是，抗压强度提高效果不明显，平均提高只有 6% 左右。

目前在军用、民用工程领域应用最多的是普通钢纤维混凝土，其中防护工程应用的主要是高强钢纤维混凝土。早在 1910 年美国的 Foter 就发表了有关钢纤维增强混凝土的报告，英、法、德在 20 世纪 40 年代开始研究和开发，我国开始研究于 20 世纪 70 年代，近年来发展迅速。

钢纤维混凝土要达到既高强又高韧的目标，主要方法是提高钢纤维混凝土基体强度和提高钢纤维的含量。20 世纪 90 年代初，我国对高强钢纤维混凝土的试验表明，C80 高强混凝土加入一定的硅灰和 1.5% 的钢纤维后，抗压强度可以提高 50%，而破坏时的冲击次数及初裂时的冲击次数提高 100 倍以上，冲击韧性提高 30 倍以上。试验表明，一定条件下钢纤维混凝土的抗压强度与钢纤维体积含量呈线性关系；为了提高钢纤维的含量，可采用砂浆渗注工艺或采用超短钢纤维等方式来实现。

高强钢纤维混凝土在防护工程中应用广泛。国内外对钢纤维混凝土进行了大量射击、侵彻和抗爆试验，结果表明，钢纤维混凝土能有效减少弹体侵彻深度，减少破坏区域。同时高强混凝土能减少侵彻深度，但破坏区域大，不适应抗重复打击，普通钢纤维混凝土能有限减少冲击破坏区域，但对侵彻深度减少较小。高强钢纤维混凝土是性能优良、工艺适中的抗冲击材料，因此比较适合应用于防护工程领域。

应用于防护工程的高强钢纤维混凝土与民用领域应用的普通钢纤维混凝土有较大的不同，防护工程要求高强钢纤维混凝土具有高强、高韧的性能，因此，该类高强钢纤维混凝土的制备也相对特殊，与普通钢纤维混凝土的最主要区别是：①钢纤维体积率高，一般至少应超过 2%～3%，这是为了充分发挥钢纤维的增强和增韧作用；②基体强度要求高，一般 28d 抗压强度应超过 50MPa，目的也是为了充分发挥钢纤维和混凝土的协同作用；③应具有较好的施工工艺性能，因为较高的钢纤维体积掺量使高强钢纤维混凝土的施工和易性变差，所以，为了使施工方便，必须使其具有良好的施工工艺性能。

为了满足上述要求，在其制备中应注意以下六方面问题：

（1）选用合理的水泥品种和高强度等级水泥，一般情况下水泥的强度等级不应低于42.5 级。

（2）应选用长径比适度、纤维抗拉强度较高、纤维与混凝土基体结合面较好、纤维分散性良好的钢纤维，这是因为既要满足钢纤维充分发挥增强、增韧作用，又要满足钢纤维混凝土拌合物具有良好的施工和易性方面的要求。

（3）配制的混凝土原材料中应适度掺加超细矿渣、粉煤灰、硅灰等超细掺合料，这是因为当钢纤维体积掺量超过 2% 时，构成高强钢纤维混凝土的主体已经是钢纤维本身了，为了充分发挥钢纤维的增强、增韧作用，应使配制出的混凝土中影响钢纤维和混凝土基体界面结合强度的"过渡区"尽可能少或应使其对界面强度的影响尽可能弱，此时，掺加超细掺合料将在较大程度上有助于减弱甚至消除"过渡区"对高强钢纤维混凝土强度的不利影响，同时由于超细矿渣、粉煤灰的价格低于水泥，也能起到适度降低成本的作用。

（4）选用减水效果良好的减水剂，尽可能降低水胶比，既提高混凝土强度，又提高混凝土拌合物的和易性。

（5）应尽量采用最大粒径较小的粗骨料，原则上粗骨料的最大粒径不应超过 20mm，最好在 10mm 左右，同时，应适度增加砂率，以在稳定强度的前提下，保证混凝土拌合物有较好的施工工艺性能。

（6）浇筑时充分捣实，硬化后充分养护。

有关高强钢纤维混凝土的配合比设计、计算与试验方法等，应参照相应的标准和规范，实际应用时，应进行预先较为合理和可靠的配合比试验。

2）钢纤维混凝土在抢修抢建工程中的应用

在工程修补过程中，采用钢纤维混凝土对工程重要防护部位可进行有效修补加固，大大提高工程防护、抗侵彻能力，保证工程安全、长期使用。同时对一些大面缺陷、破损部位，遭受冲击或振动荷载，或者产生塑性裂缝或是需要抵抗爆破作用的区域，可采用喷射钢纤维混凝土进行工程的维修加固，可达到快速、高效的修补效果。用钢纤维混凝土进行工程的修补加固特别适合防护工程、机场道面、隧道、巷道及洞库等工程。

3. 合成纤维增强混凝土

合成纤维增强混凝土的制备与普通混凝土基本相同，目前在混凝土中应用量较大的两种合成纤维为聚丙烯纤维和聚丙烯腈纤维。合成纤维具有直径小（小于 20μm）、单位体积数量多、易分散、抗酸碱、耐温性强、弹性模量较高等特点。

1）聚丙烯纤维混凝土特点及工程应用

聚丙烯纤维是国际上最早应用于混凝土的合成纤维，能有效减小混凝土因失水、温差、自干燥等因素而引起的裂缝，增强混凝土的抗塑性、开裂能力。由于此种纤维来源广泛、成本低、抗碱性能好，自 20 世纪 70 年代以来在很多国家得到广泛应用。聚丙烯纤维一般分为单丝和网形两种规格，长度在 19～50mm 之间，聚丙烯纤维用于混凝土的掺量一般为 0.7～1.5kg/m³，用于砂浆的掺量为 0.7～0.9kg/m³。研究表明，将聚丙烯纤维直接加入混凝土中搅拌，在砂石的冲击下会张开并形成单根纤维，以三维方式分布在混凝土中，能够有效地抑制混凝土早期塑性收缩裂缝，起到了较好的阻裂作用，增加混凝土的韧性和抗冲击能力，并提高混凝土的耐久性。

聚丙烯纤维混凝土具有优良的抗裂性、抗弯曲特性、抗冲击性、耐疲劳性等特点，特别适用于公路路面、桥面、机场跑道等工程的建造和修补加固中。对于桥梁的混凝土铺装层，由于重型车辆的使用、交通量的增加，损坏非常严重，维修周期越来越短，使用聚丙烯纤维混凝土桥面铺装层，能显著改善其抗裂性能，增强其抗磨耗能力和抗冲击能力，并且可使面层厚度减薄，施工速度加快，降低维修费用，延长使用寿命。另外，聚丙烯纤维混凝土还可用在污水处理厂的污水池、游泳池、粮食仓储库、大型停车场、机场停机坪，以及地下洞室、护坡等工程中。

2）聚丙烯腈纤维混凝土特点及工程应用

聚丙烯腈纤维具有更高的弹性模量、抗拉强度及耐温性，纤维的加入可明显提高混凝土的早期抗裂性能，是混凝土理想的早期抗裂和增韧材料，可用于道路面板、桥梁面板、机场道面、抗震防爆等工程，另外，可用于斜坡加固、隧道、管道修复等喷射或泵送混凝土；地下室侧墙、底板等基础工程的结构性防水；外墙砂浆抹灰及其他温差补偿性抗裂等方面，在混凝土路面修补所用的薄层混凝土修补材料中，聚丙烯腈纤维增强混凝土限制混凝土早期收缩裂缝效果更好。

4.9 活性粉末混凝土

活性粉末混凝土（RPC）是继高强、高性能混凝土后，于 20 世纪 90 年代由法国大承包商 BOUYGUES 公司率先开发出的一种超高强、高韧性、高耐久、体积稳定性良好的新型水泥基复合材料。活性粉末混凝土是由水泥、优质钢纤维、硅灰、石英砂、石英粉、高效减水剂等材料，经过适当的搅拌、振捣、加热养护等工艺制备而成，是一种致密水泥基材料与纤维增强相复合的高新技术混凝土，由于增加了组份的细度和反应活性，因而被称为活性粉末混凝土（RPC）。

1. 活性粉末混凝土（RPC）的特点

活性粉末混凝土（RPC）在充分发挥水泥、细集料和增强纤维作用的基础上，最大限度地消除结构内部微缺陷达到最大密实度，在水泥和矿物掺合料的水化作用下，大量生成硅酸二钙（C_2S）、硅酸三钙（C_3S）等物相，从而使 RPC 在细观上形成有序的空间网络分散体系，进而获得强度和韧性接近金属铝的高性能水泥基复合材料。同时，钢纤维的加入，有效阻止了 RPC 拌合物内部的微裂缝的开裂，对 RPC 有增韧、增强和阻裂的作用。

作为新一代水泥基复合材料，RPC 具有广泛的应用前景，可应用于石油工业、航空工程、建筑业、土木工程、低温工程、表面防护层以及军事防护设施等。RPC 具有其他混凝土无法比拟的优越性能。表 4-5 比较了 RPC 与无宏观缺陷水泥（MDF）、高强混凝土（HSC）的主要力学性能，表 4-6 比较了素混凝土（NC）、高性能混凝土（HPC）、RPC 的耐久性。

RPC 与 MDF、HSC 主要力学性能比较　　　　　　　　　　　表 4-5

材料种类	RPC	MDF	HSC
抗压强度（MPa）	170～810	200～300	60～100
抗折强度（MPa）	30～140	150～200	6～10
抗拉强度（MPa）	30～80	140	—
弹性模量（GPa）	50～75	40～50	30～40

NC、HPC、RPC 耐久性比较　　　　　　　　　　　表 4-6

材料种类	NC	HPC	RPC
碳化深度（mm）	10	2	0
冰-融剥落（$g \cdot cm^{-2}$）	>1000	900	7
磨耗系数	4.0	2.8	1.3
最短寿命（y）	50	100	>300

正是由于 RPC 具有优异的性能，近年来一些国家进行了 RPC 制品的实际生产，这些制品包括：大跨度预应力混凝土梁、压力管及放射性固体废料储存容器等。目前法国研制出来的 RPC 根据其抗压强度可分为 RPC200 和 RPC800 两级，其中 RPC200 已在实际工程中得到了应用，RPC800 拥有更加优异的抗冲击和抗爆性能。典型的 RPC200 和 RPC800 的主要力学性能见表 4-7、表 4-8。

RPC200 的力学性能   表 4-7

抗压强度(MPa)	抗弯强度(MPa)	断裂能(J/m²)	杨氏模量(GPa)	破坏应变(10^{-3}/mm)
170～230	30～60	20000～40000	54～60	5～7

RPC800 的力学性能   表 4-8

硅质集料 抗压强度(MPa)	钢质集料 抗压强度(MPa)	断裂能 (J/m²)	杨氏模量 (GPa)	抗弯强度 (MPa)
490～680	650～810	1200～20000	65～75	45～141

正是由于 RPC 的优异性能,在短短的几年里,国外已经将 RPC 较多地用于实际工程中,并取得了很好的社会效益和经济效益,如加拿大的 RPC 人行混凝土桁架桥、德国的 RPC 工厂化预制构件、美国的 RPC-X 型梁、日本的 RPC 人行天桥及军事设施等。我国的部分防护工程和人防指挥所采用了 RPC200 级遮弹层,在高速铁路上已使用了 RPC 的制品构件。

2. 活性粉末混凝土(RPC)的配制及应用

在 RPC 的配制过程中,根据配制要求,需要在优质原材料选择、配合比设计和优化、养护方法、投料方式等各个方面进行深入研究和试配。大量试验表明,水胶比范围、胶凝材料种类及配比、石英砂配比、钢纤维掺量、高效减水剂种类及掺量、投料顺序及养生制度对 RPC 强度影响显著。

从工程应用的角度来看,RPC 在以下四个方面具有较好的发展和应用前景:

1)预应力混凝土结构和构件,在民用领域尤其是薄壁、细长、大跨等新颖形式的预制构件,可大幅度缩短工期和降低造价;

2)钢-混凝土组合结构,用无纤维制作的 RPC 钢管混凝土将有良好的应用前景;

3)特殊用途的工程或构件,例如海洋工程、高原高寒条件下经常承受冻融循环和强烈紫外线的工程、各种有耐腐蚀要求、防辐射要求及有苛刻耐久性要求的构件或制品;

4)在防护工程领域可以制作防护门、遮弹层等重要的抗爆、抗侵彻构件及直接用于工程主体结构。

3. 活性粉末混凝土(RPC)在抢修抢建工程中的应用

活性粉末混凝土(RPC)是一种具有超高抗压强度、较高抗拉强度、良好冲击韧性和耐久性的新型水泥基复合材料。RPC 不仅广泛应用于各类建筑工程中,而且作为超高性能混凝土在工程维修与加固领域同样有着广阔的发展和应用空间。

在国防工程快速修补加固中适合采用 RPC 的预制构件对工程遮弹层、防护工程口部、防护门等部位进行快速修补,发挥其超高性能,达到快速、高强、耐久的目的。

另外,RPC 材料增大截面加固法是一种新型的加固方法,与其他传统加固法相比具有突出的一些优点:抗压强度高,加固构件截面尺寸增大较小;自重轻、结构自重增加小,对结构受力有利;RPC 材料有良好的耐久性和耐腐蚀性,使其能够应用于各种环境;与普通混凝土具有良好的粘结性能,能够和原构件之间协调变形,共同受力;RPC 增大截面法能够显著提高加固柱的极限承载力,并能够有效地抑制原柱裂缝的开展,提高加固柱的延性。加固施工时新老界面采取表面凿毛、圆角和涂抹界面胶粘剂等措施,具体施工工艺包括绑扎搭接加固层钢筋网、浇筑混凝土、养护等,其中养护是施工的重中之重,可以采取标准养护,强度较低,如果采用热水养护[温度(80±2)℃养护 48h,然后标准养护]进行混凝土养护,可获得高强或超高强混凝土。

4.10 喷射混凝土

喷射混凝土是将掺加速凝剂的混凝土利用压缩空气的力量喷射到岩面或建筑物表面的混凝土。其与基面能紧密地粘结在一起，并能填充其基面的裂缝和凹坑，把岩层或建筑物加固成完整而稳定的、具有一定强度的结构，从而使岩面或结构物得到加强和保护。

1. 喷射混凝土的特点

喷射混凝土用喷射机进行施工，施工简便易行；可以不用模板或只用单面模板，节约大量模板材料；省去支模、浇筑和拆模工序，使混凝土的输送、浇筑和捣固合为一道工序，无需专门的运输和振捣设备，加快衬砌施工速度；喷射施工的混凝土密实度高，强度和抗渗性较好；可以节约混凝土；通过输料软管在高空或狭小工作区间向任意方向施作薄壁结构，其工序简单、机动、灵活，有广泛的适应性；经济效益较好，衬砌总成本可降低约30%。

按混凝土在喷嘴处的状态，喷射混凝土分为干式喷射混凝土和湿式喷射混凝土两种，按照材料分类可分为普通喷射混凝土、钢纤维喷射混凝土等。喷射混凝土的配合比可参考表4-9、表4-10。

干式喷射混凝土最佳参考配合比　　　　　　　　　　　　表 4-9

因素	配合比		
	回弹率较小的配合比	28d 强度较大的配合比	综合性能较好的配合比
用水量(kg)	350	300	350
砂率(%)	70	50	60
水灰比(W/C)	0.60	0.4	0.5
速凝剂掺量(%)	2	2	2
粗集料种类	碎石	卵石	碎石
喷射面角度(°)	90	90	90
喷射距离(cm)	70	70	70
平均回弹率(%)	23.6±6.3	47.3±6.3	32.1±6.3
28d 抗压强度平均值(MPa)	12.23±0.99	18.19±0.99	12.51±0.99

湿式喷射混凝土最佳参考配合比　　　　　　　　　　　　表 4-10

因素	配合比		
	回弹率较小的配合比	28d 强度较大的配合比	综合性能较好的配合比
水泥用量(kg)	350	300	350
砂率(%)	70	50	60
水灰比(W/C)	0.60	0.4	0.5
速凝剂掺量(%)	2	2	2
缓凝剂掺量(%)	碎石	卵石	碎石
砂细度模数	90	90	90
喷射面角度(°)	70	70	70

2. 喷射混凝土的施工工艺

喷射混凝土的施工工艺流程：干喷施工工艺流程包括供料、供风、供水三个部分；若采用湿喷工艺，则水通常是在物料混合时加入的，然后一起拌合均匀后，运输至工作面，继而进行喷射施工。

喷射混凝土在配制时干混合料的拌制需注意以下方面：

1）配制时混凝土的配合比宜选用质量配合比。干混合料应先搅拌均匀，待投料完毕后延续搅拌时间应不少于 1.5min。

2）集料含水率应适当，如果低于 4% 时，使用时应提前 8h 洒水，使之充分均匀的湿润。充分的湿润对水泥和集料的粘结、喷射混凝土强度以及减少粉尘等都十分有利。

3）混凝土混合料应随伴随用。不掺速凝剂时，停放时间不得超过 2h；掺有速凝剂时，由于加速了水泥的预水化，不得超过 20min。由于水泥与潮湿集料保持接触，则发生部分水泥预水化，延续初凝时间，降低喷射混凝土的早期与后期强度，且增加回弹。这种现象在掺入或不掺入速凝剂的喷射混凝土中均会发生，停放时间越长，强度降低越多。

4）喷射混凝土应按一定的顺序进行。喷射作业区的宽度依隧道等建筑物的具体条件而定，一般以 1.5～2.0m 为宜。例如对于水平隧道等建筑物，其喷射顺序应是先墙后拱、自下而上，侧墙应自墙基开始，成拱区宜沿轴线由前向后。

喷射混凝土干法喷射是最常用的喷射施工方法，在干法作业时，应充分注意以下七个问题：

1）喷射机的工作电压。一般需保证喷嘴处有 0.1MPa 左右的压力。

2）喷嘴处的水压必须大于风压，压力应稳定。

3）一次喷射厚度太薄，集料易回弹；一次喷射厚度太厚，易出现喷层下坠、流淌，或与岩面之间出现空壳。因此，一次喷射厚度一般不小于集料粒径的 2 倍，以减少回弹率。对于地下工程，侧壁为 80～150mm，拱顶为 50～70mm。

4）当喷射混凝土的设计厚度大于一次喷射厚度时，应分层进行喷射，每次喷射的最小时间间隔，掺速凝剂或用喷射水、双快水泥等速凝水泥时，宜为 15～20min；不掺速凝剂而用普通硅酸盐水泥时，宜为 2～4h。当间隔时间超过 2h，复喷前应先喷水湿润（最好用压力水）表面，以保证层间良好的粘结。

5）喷嘴与受喷面的距离和夹角，应随着风压的波动而不断的调整。一般情况下，喷嘴与受喷面的第一线呈 10°～15° 夹角时，喷射效果最好。喷嘴可沿螺旋形轨迹运动，螺旋的直径以 300mm 为宜，使料束以一圈压半圈做横向运动。

6）对于不同的喷射机，要严格按规定的方法操作，否则容易发生堵管、反风等现象。喷射机油外机顺序为：开动时，先开风口给水，最好通电供料；停止时，先停止供料，待料罐中的存料喷完后再停电，最后送水停风。

喷嘴操作：喷射开始时先给水再送料，结束时，先停风再停水。在喷射时，要随时观察围岩、喷层表面、回弹和粉尘等情况，及时调整回弹量和水灰比，当喷嘴不出料时，应将喷嘴对准前下方；避开工作人员。处理堵管时，工作风压不得超过 0.4MPa。

7）喷射混凝土坍落度低，且有粗糙的表面，又常以薄壁结构形式存在，故良好的养护就显得十分重要。另外，喷射混凝土的水泥用量和含砂率均较高，为使水泥充分水化，减少和防止混凝土不正常的收缩裂缝，在喷射混凝土终凝后立即开始进行养护。

3. 喷射混凝土在抢修抢建工程中的应用

喷射混凝土可广泛适用于新型结构工程、面层和地下工程、防护层工程、修复工程、耐火衬里工程、加固工程等。在工程抢修抢建修补加固中，喷射混凝土具有广泛的应用领域，特别是针对破损的隧道口部、内衬、支护等混凝土结构以及各类混凝土工程的快速修补等方面应用十分广泛。

钢纤维喷射混凝土以其优良的物理、力学特性在修补加固工程中应用广泛、效果显著。钢纤维喷射混凝土是以气压动力高速度喷射到受敷面上含有不连续分布钢纤维的混凝土。与现浇钢纤维混凝土相比，钢纤维喷射混凝土具有良好的抗断裂韧性，具有比普通混凝土高的抗拉、抗压、抗弯和抗剪强度，钢纤维喷射混凝土省去了挂网设备和时间。施工简便易行，省去支模、浇筑和拆模工序，使混凝土输送、浇筑和捣实合为一道工序，节省了人力，缩短了工期，适合在狭小工作区间内施工，工作简单、机动灵活。

钢纤维喷射混凝土加固施工是在原衬砌上加喷钢纤维混凝土，相当于在围岩中植入锚杆，不同点在于锚杆支护有明显的承载环，影响范围小，且扰动围岩、施工复杂；而喷射混凝土没有在围岩内部形成明显的承载环，影响范围大，是向围岩内部扩展的，且施工快速方便。施工时要先把原衬砌表面清洗干净，保持稍微湿润，以增加原衬砌与加喷层的粘结，喷射时要掌握合适的角度、喷射距离、喷射方式等。

隧道、洞库等工程在使用过程中，由于地面荷载、地下水、地质构造运动等环境因素的改变，原有的衬砌往往不能起到支护作用，会出现裂缝、渗漏、位移等诸多破坏现象，给工程使用带来很大安全隐患。针对隧道、洞库工程的这些破坏，常用的加固方法有锚固、注浆及喷射混凝土等，其中钢纤维喷射混凝土以其良好力学性能，不扰动围岩内部结构，支护快速、施工工艺简单等优良特性得到广泛应用。

4.11 自密实混凝土

自密实混凝土，又称免振捣自密实混凝土或自流平混凝土，就是一种在自身重力作用下无需振捣（或轻微振捣）即能密实成型的高性能混凝土。它既能显著降低混凝土施工中的噪声、减轻工人的劳动强度，解决传统混凝土施工中的漏振、过振等人为因素造成的麻面、泛浆或因钢筋稠密、结构复杂难以振捣等问题，又能有利于资源的综合利用和生态环境的保护。它不仅适应当代混凝土工程超大规模化、复杂化等要求，而且为基于耐久性的混凝土结构设计提供了技术保障，是混凝土工艺的一次革命，故已成为当前混凝土工作者研究的一个热点。特别是在特殊施工条件下的抢修抢建工程，采用自密实混凝土可以发挥事半功倍的效果。近年来，自密实混凝土在一些发达国家和地区都得到了广泛的应用，如美国、加拿大、日本和欧盟等一些发达国家，自密实混凝土使用量已占混凝土全部产量的30%～40%。

1. 自密实高性能混凝土的特点

自密实高性能混凝土具有高流动性、高抗离析性、高填充性和良好的钢筋间隙通过性能，在自重作用下无需振捣，自行填充模板空间，形成自密实的混凝土结构，有良好的力学性能和耐久性能，并能节省劳力和振捣机具，加快施工进度，减少噪声。在施工中应用自密实高性能混凝土可以缩短工期、有效控制混凝土的质量、提高建筑物及构筑物的耐久性，并有利于环境保护，具有较高的社会和经济效益。

在建筑工程的混凝土施工中，尤其是高层建筑的箱基底板及节点处、建筑复杂结构处、隧道的衬砌中，往往因为结构配筋稠密复杂，断面狭小，振动棒不易插入，难以振捣成型；在施工中经常由于操作不熟练而产生漏振、过振，引起混凝土的不密实；混凝土在振捣过程中还易引起钢筋、埋件、预留孔洞的移位，从而影响混凝土的强度和耐久性；在城市施工中，有些工程要求降低施工噪声，有些工程要求大面积浇筑、搭脚手架工作量大且工期要求紧迫，这些施工难题和特殊工程都需要具有高工作性能的自密实高性能混凝土来解决和实施。

但是，以下情况不宜采用自密实混凝土：①用起重机及手推车浇筑混凝土时；②喷射混凝土时；③通过加水获得的高流动性混凝土，而又无不良后果时，如真空混凝土、压轧混凝土及离心制管等。

免振捣自密实混凝土必须具备以下三个特性：

1）流动性

流动性是表征自密实混凝土施工性能的重要性能指标之一，是指分散体系中克服内阻力而产生变形的性能。屈服应力是阻碍浆体进行塑性流动的最大剪切应力，在新拌混凝土的分散体系中，剪切应力主要由以下几个方面组成：粗集料与砂浆相对流动产生的剪应力、粗集料由于自身重力作用而产生的剪应力以及粗集料的相对移动所产生的剪应力等。混凝土剪应力既是混凝土开始流动的前提，又是混凝土不离析的重要条件。黏度系数是指分散体系进行塑性流动时应力与剪切速率的比值，它反映了流体与平流层之间产生的与流动方向相反的黏滞阻力的大小，其大小支配了拌合物的流动能力。因此，剪应力支配了拌合物流动性的大小，而剪应力的大小取决于分散体系中固、液相比率，即水灰比的大小。同时，活性掺合料的掺入可以减小浆体的剪切应力，增大流动性。掺加细度小、级配好的粉煤灰或矿渣是配制自密实混凝土的重要措施之一。

2）抗离析性

自密实混凝土拌合物需要高的流动性而不离析。在自密实混凝土配合比设计中，如何调整用水量与超塑化剂用量，使流动性和抗分散性达到平衡是关键。一般自密实混凝土的配制应结合工程实际所需的性能，确定混凝土流动性和抗分散性之间的平衡关系，以选择适当的水灰比与超塑化剂掺量。

3）间隙通过性

当混凝土拌合物流动通过钢筋间隙时，粗集料的相互作用引起其相对位置的改变，正是这相对位移不仅引起浆体中粗集料之间的压应力，而且引起剪应力，剪应力的增大使混凝土拌合物发生塞流，无法通过钢筋间隙。因此，自密实混凝土配合比设计中，粗集料的体积含量是控制新拌混凝土可塑性的一个重要因素。试验表明，在一定截面发生堵塞主要是由于骨料间的相互接触引起，粗骨料超过一定含量时，无论浆体是否有适宜黏度，均会发生堵塞。要使混凝土拌合物自流平、自填充密实，拌合物中砂浆不仅要有适宜的黏度携带粗集料一起运动，同时必须有足够的流动性自行填充粗集料的空隙之间。在自密实混凝土配制中，适当地增大砂率，可以减少颗粒之间的接触、抑制堵塞，同时拌合物的密实性增大。因此，调节砂率的大小，可增大混凝土的自密实性能。为获得高流动性，首先需要减小颗粒的摩擦阻力。要达到此目的，掺入超塑化剂以减小颗粒的表面张力就显得十分重要，并且需掺入超细物料和矿物成分。为了使混凝土具有稳定性，即不离析，其液相必须具有适当的流变性，既不产生泌水又防止颗粒的离析。要达到此目的，需掺入适量的颗粒尺寸小于 0.25mm 的细填料，有时还需掺入黏度改性剂（增黏剂）。

2. 配制自密实混凝土的技术要求

1）原材料

配制自密实混凝土所用的原材料，如水泥、集料等与传统的普通混凝土相同，有所区别的是必须掺入高掺量的超细物料与适当的超塑化剂。在混凝土新拌状态时，该混凝土能保持良好的稳定性和高流动性。硬化后混凝土的性能，诸如强度、耐久性及表面性能等均比同水灰比的振动密实混凝土有所改善。

水泥：自密实混凝土对水泥无特殊要求，采用普通硅酸盐水泥即可。对采用早强硅酸盐水泥和硫酸盐水泥配制自密实混凝土目前尚缺乏经验。

骨料：自密实混凝土对骨料的要求很高。考虑混凝土的和易性、离析等因素，必须注意选择骨料的最大粒径、粒型和级配。配制自密实混凝土时，粗骨料的最大粒径一般不超过 25mm，针片状颗粒含量要少。如果骨料级配不好，自密实混凝土的黏性不足，容易产生离析、泌水。

矿物掺合料：粉煤灰是目前使用最多的矿物掺合料，在自密实混凝土中掺加粉煤灰可以改善和易性。对于掺加其他矿物掺合料配制自密实混凝土的研究还不够全面。

化学外加剂：高效减水剂是配制自密实混凝土的关键材料，减水率要求达到 20％以上，掺量应在 1％以上。目前市场上的高效减水剂普遍存在一个问题，就是在使用时自密实混凝土的坍落度经时损失太大。

2）自密实混凝土配合比设计的一般原则

（1）要求拌合物具有很高的坍落度，能自行密实，而且不产生离析；满足所要求的强度和耐久性；

（2）水灰比：自密实混凝土的水灰比和普通混凝土的水灰比基本相同，根据要求的强度和耐久性来确定；

（3）单位用水量：在采取其他措施能够保证自密实混凝土的坍落度的前提下，应尽量降低单位用水量；

（4）砂率：为了保证自密实混凝土在泵送时和浇筑后不产生离析，要适量增加砂率。

3. 生产自密实混凝土的工艺措施

1）自密实混凝土的坍落度损失及抑制措施

自密实混凝土的坍落度经时损失问题较为明显。试验证明，自密实混凝土的坍落度损失程度，与高效减水剂的掺加方法、水泥品种、施工温度、搅拌工艺等有关。随着水泥的水化反应，高效减水剂被水泥的水化产物大量吸附而使分散作用降低，表现为自密实混凝土的坍落度随时间的增长而逐渐减小。

在实际工程中可以采用反复添加高效减水剂、加入少量的缓凝剂、开发新品种的高效减水剂或用部分矿物外加剂取代高效减水剂等措施来抑制自密实混凝土坍落度经时损失。

2）水泥裹砂工艺的探索

由于骨料含水量的不同以及搅拌方法的不同，自密实混凝土的性能也显著不同。如果砂子处于表面几乎没有水的干燥状态，刚刚搅拌好的混凝土，内部会产生很多气泡，使泌水显著上浮，底部则产生分层和沉降。为了解决自密实混凝土的泌水和离析问题，可以采用水泥裹砂工艺。水泥裹砂工艺，就是在骨料表面包上一层低水灰比的水泥浆，即造壳作用，以提高混凝土的各种性能。

4. 自密实混凝土在抢修抢建工程中的应用

在水泥混凝土结构抢修方面，特别是在道路抢通等特殊工程中，现在使用的修补材料多为快速抢修砂浆或含有聚合物的快速修补剂。而这些材料在兼具强度高、粘结性能好、施工便捷、凝结硬化迅速的同时，还存在价格昂贵、抗高温性能差、体积稳定性差、易老化、耐久性差、与原有水泥混凝土弹性模量不匹配、刚度不同、传递载荷方式不同等许多不足。而抢修自密实混凝土（免振捣混凝土）能很好解决修补固有工程或存在施工空间有限、振捣不易等不可预见因素，还可以满足快速开放交通的要求，且与旧有水泥混凝土匹配并合理衔接。

抢修自密实混凝土通常将自密实混凝土技术和快硬硫铝酸盐水泥混凝土技术相结合，通过使用快硬硫铝酸盐水泥和混凝土外加剂配制出一种超早强自密实混凝土。为了在抢修抢建工程中提高自密实混凝土的凝结速度，调节凝结时间并保持混凝土后期强度，可以用普通硅酸盐水泥和快硬硫铝酸盐水泥为主要胶凝材料，配制复合胶凝材料，研制出适合抢修免振捣混凝土复合胶凝体系。在复合胶凝体系基础上，以水泥砂浆掺加粗集料并调整砂率的方式配制具有快硬、大流动（达到免振捣效果）、低收缩、高耐久、施工便捷及经济效益好的抢修用免振捣混凝土。目前，这类混凝土坍落度可达 260mm，常温下 2h 抗压强度可达 30MPa 以上，适用于机场、铁路、公路和桥梁等抢修、抢建及冬期施工工程。

---------- 第 5 章 ----------

抢修抢建外加剂

　　混凝土外加剂是指在拌制混凝土过程中掺入的用以改善混凝土性能的物质，其掺量一般不大于水泥质量的5%（特殊情况除外）。为适应混凝土工程的现代化施工工艺的要求，混凝土外加剂已成为除水泥、砂、石和水以外混凝土的第五种必不可少的组份。

　　通常按功能分为四大类：

　　（1）改善混凝土拌合物流变性能的外加剂，如减水剂、引气剂、泵送剂、保水剂等；

　　（2）调节混凝土凝结时间和硬化性能的外加剂，如早强剂、缓凝剂、速凝剂等；

　　（3）改善混凝土耐久性的外加剂，如防冻剂、阻锈剂、防水剂、引气剂等；

　　（4）改善混凝土其他性能的外加剂，如引气剂、膨胀剂、防水剂等。

　　在抢修抢建工程中常用的混凝土外加剂主要有减水剂、早强剂、速凝剂、引气剂、防冻剂、膨胀剂等。

5.1　减水剂

　　减水剂是指在混凝土坍落度基本相同的条件下，能减少拌合用水量的外加剂，减水剂一般为表面活性剂，按其功能分为：普通减水剂、高效减水剂、早强减水剂、缓凝减水剂和引气减水剂等。

1. 减水剂的作用机理

　　当水泥加水拌合后，由于水泥分子间的引力、水泥颗粒在溶液中的热运动互相碰撞、水泥矿物在水化过程中带有异性电荷、水泥矿物水化后的溶剂化水膜产生某些缔合作用，使水泥浆形成絮凝结构，许多拌合水被包裹在絮凝结构中，这些拌合水一般不参与水泥的水化，因此水泥浆体显得较干稠，流动性较小。当在水泥浆体中加入减水剂后，由于减水剂的表面活性作用，其憎水基团定向吸附于水泥颗粒表面，亲水基因指向水溶液，在水泥颗粒表面形成一层吸附膜，使水泥颗粒表面带有相同电荷，在电性斥力作用下，水泥颗粒互相分开，絮凝结构解体，一方面游离水被释放出来，增大了水泥颗粒与水的接触表面，从而增大了拌合物的流动性；另一方面水泥水化更充分，强度提高，水泥颗粒表面形成的溶剂化水膜增厚，增加了水泥颗粒间的滑动能力，使减水剂产生吸附分散、润湿、润滑等作用。减水剂机理见图 5-1、图 5-2。

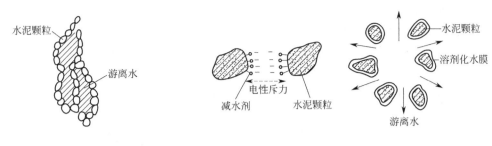

图 5-1　水泥浆的絮凝结构　　　　　图 5-2　减水剂作用简图

2. 减水剂的功能

减水剂在混凝土坍落度相同的条件下，能减少拌合用水量；或者在混凝土配合比和用水量均不变的情况下，能增加混凝土的坍落度。按其功能可以分为普通减水剂和高效减水剂。此外，复合型减水剂，如引气减水剂，既具有减水作用，又具有引气作用；早强减水剂，既具有减水作用，又具有提高早期强度作用；缓凝减水剂，既具有减水作用，又具有延缓凝结时间的功能等。

减水剂的使用效果表现在以下几个方面：①在用水量和水胶比不变的条件下，可以明显增大混凝土拌合物的流动性；②在维持拌合物流动性和水泥用量不变的条件下，可以减少用水量，从而降低水胶比，达到提高混凝土强度的目的；③改善混凝土的孔结构，提高密实度，从而可以提高混凝土的耐久性；④在保持流动性及水胶比不变的条件下，可以减少用水量，从而相应地减少水泥用量，即节约了水泥；⑤减少混凝土拌合物泌水、离析现象，降低水化放热速度等。

3. 减水剂的种类

目前市场上常用的几种减水剂为：木质素磺酸钠盐减水剂、萘系高效减水剂、脂肪族高效减水剂、聚羧酸高效减水剂等。

木质素磺酸盐属于普通的减水剂，它的原料是木质素，一般从针叶树材中提取，木质素是由对亘香醇、松柏醇、芥子醇这三种木质素单体聚合而成的，减水率在 5%～10%。

萘磺酸盐减水剂是我国最早使用的高效减水剂，是萘通过硫酸磺化，再和甲醛进行缩合的产物，属于阴离子型表面活性剂。该类减水剂外观视产品的不同可呈浅黄色到深褐色的粉末，易溶于水，对水泥等许多粉体材料分散作用良好，减水率达 25%。萘系减水剂属于高效减水剂。

密胺系减水剂是三聚氰胺通过硫酸磺化，再和甲醛进行缩合的产物，属于阴离子表面活性剂。该类减水剂外观为白色粉末，易溶于水，对粉体材料分散好，减水率高，其流动性和自修补性良好。

粉末聚羧酸酯是近年来研制开发的新型高性能减水剂，具有优异的减水率、流动性、渗透性，明显增强水泥砂浆的强度，但制作工艺复杂，一般价格较高。

聚羧酸系高性能减水剂是目前世界上最前沿、科技含量最高、应用前景最好、综合性能最优的一种混凝土超塑化剂（减水剂）。聚羧酸系高性能减水剂是羧酸类接枝多元共聚物与其他有效助剂的复配产品。聚羧酸系高性能减水剂是目前配制高性能混凝土的首选减水剂。

4. 减水剂的使用

减水剂的掺量一般为胶凝材料总重量的 0.4%～2.0%，常用掺量为 0.4%～1.2%，减水率为 10%～30%；使用前应进行混凝土试配试验，以求最佳掺量；当与其他外加剂复配使用时要预先进行混凝土相容性实验。

减加剂的掺入方法有时对其效果影响很大，因此应根据外加剂的种类和特点以及具体情况选用合适的掺入方法。

同掺法：将减水剂先溶于水形成溶液后再加入拌合物中一起搅拌。优点是计量准确且易搅拌均匀，使用方便。缺点是增加了溶解和储存工序。此法常用。

后掺法：指在混凝土拌合物运送到浇筑地点后，才加入减水剂再次搅拌均匀进行浇筑。优点是可避免混凝土在运输过程中的分层、离析和坍落度损失，提高减水剂使用效果和对水泥的适应性。缺点是需二次或多次搅拌。此法适用于商品混凝土，且有混凝土运输搅拌车。

5.2 早强剂

早强剂是指能加速混凝土早期强度发展的外加剂。掺量为水泥用量的 0.5%～2%，能促进水泥的初、终凝时间缩短 1h 以上；能提高 1～7d 强度，3d 强度可提高 30%～100%，温度越低，提高幅度越大。正常温度下，28d 强度持平，24h 内水化热增加 30%，混凝土泌水减小，抗渗性提高。

1. 早强剂的种类及机理

早强剂主要有氯盐类、硫酸盐类、有机胺三类以及它们组成的复合早强剂，但更多使用的是它们的复合早强剂。常用早强剂见表 5-1。

常用早强剂   表 5-1

类别	氯盐类	硫酸盐类	有机胺类	复合类
常用品种	氯化钙	硫酸钠（元明粉）	三乙醇胺	①三乙醇胺(A)＋氯化钠(B)； ②三乙醇胺(A)＋亚硝酸钠(B)＋氯化钠(C)； ③三乙醇胺(A)＋亚硝酸钠(B)＋二水石膏(C)； ④硫酸盐复合早强剂(NC)
适宜掺量 （占水泥质量%）	0.5～1.0	0.5～2.0	0.02～0.05 一般不单独用,常与其他早强剂复合用	①(A)0.05＋(B)0.5； ②(A)0.05＋(B)0.5＋(C)0.5； ③(A)0.05＋(B)1.0＋(C)2.0； ④(NC)2.0～4.0
早强效果	显著；3d 强度可提高 50%～100%；7d 强度可提高 20%～40%	显著；掺 1.5%时达到混凝土设计强度 70%的时间可缩短一半	显著；早期强度可提高 50%左右,28d 强度不变或稍有提高	显著；2d 强度可提高 70%；28d 强度可提高 20%

氯盐类早强剂主要包括氯化钙、氯化钠、氯化钾和氯化铝等。其作用机理为：水泥中的 C_3A 与氯化物反应生成的水化氯铝酸盐不溶于水，能够促进 C_3A 水化。水泥水化产生

的氢氧化钙与氯化物反应，生成的氯氧酸钙难溶于水，能降低氢氧化钙的浓度，加速体系中 C_3S 的水化反应，而生成的复盐产物会提高浆体中固相的比例，有利于形成坚固的水泥石结构。同时，氯化物通常易溶于水，带来的盐效应会加大水泥中矿物的溶解度，促进各水泥矿物的水化反应速率，从而缩短水泥混凝土的硬化时间。

硫酸盐类的早强剂主要包括硫酸钠、硫酸钙、硫酸铝和硫酸铝钾等。硫酸盐类的早强作用是硫酸盐与 $Ca(OH)_2$ 反应所生成的硫酸钙和水泥中的铝酸钙迅速反应生成钙矾石（$3CaO \cdot Al_2O_3 \cdot 3CaSO_4 \cdot 31H_2O$），体积膨胀，使水泥石致密，同时，此反应的发生又能进一步加速 C_3S 的水化，从而提高早期强度。

三乙醇胺是最常用的有机物类早强剂。在水泥水化过程中，三乙醇胺可与 Ca^{2+} 和 Fe^{3+} 等生成易溶于水的络合离子，提高水泥颗粒表面的可溶性，阻碍 C_3A 表面形成水化初期不渗透层，促进 C_3A 和 C_4AF 的溶解，加速其与石膏反应生成硫铝酸钙，促使混凝土早期强度增长。

常用的单一类型早强剂通常不能满足混凝土性能要求，而将多种类型的早强剂相互复合或早强剂与减水剂组合使用可以更好地提高混凝土综合性能，使其既能提高混凝土早期强度，又有利于促进后期增强，且减水效果明显，还可以在一定程度上避免混凝土内部钢筋锈蚀的问题等。目前，新型复合类早强剂是研究的主要方向。

不同类型的早强剂作用机理基本都是通过加速水泥水化速度，加速水化产物的早期结晶和沉淀，从而提高早期强度。早强剂主要功能是缩短混凝土施工养护期，加快施工进度，提高模板的周转率。

2. 早强剂的使用

早强剂主要适用于有早强要求的工程及低温施工混凝土，抢修、补强工程，有防冻要求的混凝土，以及预制构件和蒸汽养护等。

由于氯离子的添加会使其与钢筋之间形成电极电位，容易造成钢筋锈蚀，这就在很大程度上局限了氯盐系早强剂的应用范围。《混凝土外加剂》GB 8076—2008 对于不同类型的混凝土中氯离子含量做出了严格规定。氯盐类早强剂只能掺加在不配筋的素混凝土中，在钢筋混凝土、预应力钢筋混凝土或者有金属预埋件的混凝土施工中，要严格限制氯离子的引入量，慎重或禁止使用该类早强剂。

含有硫酸钠的粉状早强剂使用时，应加入水泥中，不能先与潮湿的砂石混合。含有粉煤灰等不溶物及溶解度较小的早强剂、早强减水剂应以粉剂掺入，并要适当延长搅拌时间。另外，钠盐或钾盐很容易在混凝土失水干燥后从表面析出，甚至在混凝土表层结晶，造成混凝土表层膨胀开裂。因此，为了避免碱集料反应或硫酸盐过量对工程产生侵蚀危害，混凝土中硫酸盐类早强剂的掺量应通过实验确定，避免过量。

5.3　速凝剂

速凝剂是能使混凝土迅速凝结硬化的外加剂，它能使砂浆或混凝土在几分钟内就凝结硬化，早期强度明显提高，但是通常后期强度均有所降低。速凝剂广泛应用于喷射混凝土、灌浆止水混凝土及抢修补强混凝土工程中，在矿山井巷、隧道涵洞、地下洞室等工程中用量很大。

1. 速凝剂的作用机理

速凝剂的品种很多，但按其主要成分分类，大致可以分成以下三类：铝氧熟料加碳酸盐系、硫铝酸盐系、水玻璃系。

速凝剂加入混凝土后，其主要成分中的铝酸钠、碳酸钠在碱性溶液中迅速与水泥中的石膏反应生成硫酸钠，使石膏丧失其原有的缓凝作用，从而导致铝酸钙矿物 C_3A 迅速水化，并在溶液中析出其水化产物晶体，致使水泥混凝土迅速凝结。其主要机理是弱化石膏的缓凝作用，进而生成针柱状钙矾石，使水泥浆体快速形成结晶网状结构，出现速凝，但生成的网状结构会阻止水泥颗粒进一步水化，对后期强度不利。

速凝剂的作用是使混凝土喷射到工作面上后很快能凝结，对混凝土性能的影响主要有：

1）使混凝土喷出后 3～5min 内初凝，10min 之内终凝。

2）使混凝土有较高的早期强度，后期强度降低不大。掺用速凝剂的混凝土，其后期强度都比不掺者低，国家标准规定了掺一等品速凝剂的混凝土 28d 强度损失应在 25％以内，合格品应在 30％以内。

3）使混凝土具有一定的黏度，以防回弹量过高；通过复合使用减水剂可以弥补速凝剂造成的混凝土后期强度损失。因为在保持相同流动性的情况下，减水作用可以降低水灰比，从而提高后期强度。

4）使混凝土保持较小的水灰比，以防收缩过大，并提高抗渗性能，除此之外，水灰比减小还可以增加拌合物的黏度，这对减小回弹量也十分有利。

5）对钢筋无锈蚀作用，但喷射混凝土的抗渗性、抗冻性较差，容易发生碱骨料反应。

2. 速凝剂的使用

速凝剂在使用过程中其作用效果主要受以下七个方面因素影响：

1）掺量。在确定掺量时，要综合考虑各方面因素的综合影响，既要考虑喷射混凝土的位置、岩石状态及喷射方法对凝结时间的要求，也要考虑早期强度及 28d 的强度要求；同时，要参考当地气温及物料温度变化等因素，据此来决定水泥净浆（或喷射混凝土）的最佳凝结时间和所期望的龄期强度，并通过试配试验确定最佳掺量。一般速凝剂掺量为水泥质量的 3％～5％，个别品种掺量较大，为水泥质量的 8％～10％。

2）温度。温度对速凝剂的促凝效果影响很大。一般随着温度升高，掺量要适当减少；反之，温度降低，掺量要相应增加。在相同温度下，掺量越高，后期强度损失越大。

3）搅拌时间及预水化。掺速凝剂的水泥浆凝结很快，因此，在初凝以后还继续搅拌，就会影响水泥浆的性能。在喷射混凝土时速凝剂与水泥、砂、石混拌，由于砂、石均含有一定水分，速凝剂遇水在喷出前开始与水泥发生预水化作用，再喷到岩石表面，必然影响喷射混凝土的凝结时间、强度及其与岩石的粘结力。因此，混合料的停放时间，应严格控制在 20min 以内，最好是加入速凝剂后立即喷出。

4）贮存条件。速凝剂在潮湿环境中存放时速凝效果显著降低，因此，速凝剂应密封保存，防止受潮。

5）水泥品种与质量。同一种速凝剂在掺量相同的情况下，对硅酸盐水泥速凝效果优于对普通硅酸盐水泥，对普通硅酸盐水泥的速凝效果优于掺合料硅酸盐水泥。水泥质量对速凝剂的速凝效果影响也很大，如对新鲜水泥的速凝效果好，对风化水泥的速凝效果较差，严重风化的水泥会使速凝剂失效。掺速凝剂的水泥石早期强度显著提高，后期强度的损失因水泥不同而有显著的差异。因此使用速凝剂应对其与水泥的适应性进行试验，才能得到良好的效果。

6）拌合物水灰比。水泥品种和速凝剂掺量一定时，水灰比大小对初凝、终凝时间有明显的影响，且对终凝时间的影响远大于初凝时间。一般水灰比越大，其速凝效果越差。

7）喷射工艺。影响速凝剂作用效果的因素还与喷射机械的种类、速凝剂添加装置的位置、压送管的长度、喷射速度等因素相关。

3. 速凝剂在抢修抢建工程中的应用

速凝剂是抢修抢建工程中最常用的一种外加剂，特别是在喷射混凝土工程中更是必不可少的一种外加剂。

喷射混凝土施工能把混凝土的运输、浇筑和捣实等工序合为一个工序，不要或只要单面模板，可通过转动软管和喷嘴方向在高空或狭窄施工空间任意方向作业，操作灵活方便，有广泛的适应性。喷射混凝土广泛应用于地下工程（如矿山竖井巷道、地铁工程等）的初期支护与最终衬砌，交通隧道、水工隧洞、边坡加固和基坑护壁等工程，特别是能快速修复加固受破坏的混凝土工程及加固危险的边坡、隧道、基坑等工程。

在喷射混凝土中如何掺入速凝剂，应由工艺条件来确定。加入速凝剂的水泥净浆应具有良好的流动性，初凝时间应不大于 5min，终凝时间不大于 10min。用于喷射混凝土的外加剂除速凝剂外，还有减水剂、早强剂、防水剂和增粘剂等。速凝剂使喷射混凝土速凝快硬，减少回弹损失，防止喷射混凝土因重力作用所引起的脱落；掺入减水剂可提高混凝土强度，明显改善其不透水性和抗冻性；早强剂可使混凝土同时满足速凝与早强的要求；在喷射混凝土中加入增黏剂可明显减少施工粉尘和回弹损失；为了提高喷射混凝土的抗渗性，有时还需要加入防水剂。

掺加速凝剂的喷射混凝土早期强度明显提高，1d 强度可达 6～15MPa；28d 强度与不掺速凝剂的混凝土相比降低 10%～30%。

5.4 引气剂

在搅拌混凝土过程中能够引入大量均匀分布的、稳定而封闭的微小气泡（直径在 $10～100\mu m$）的外加剂，称为引气剂，主要品种有松香热聚物、松脂皂和烷基苯磺酸盐等。其中，以松香热聚物的效果较好，最常使用。

1. 引气剂机理

在搅拌混凝土的过程中必然会混入一些空气，加入水溶液中的引气剂便吸附在水与气界面上，显著降低水的表面张力和界面能，在搅拌力作用下就会产生大量气泡。引气剂的加入能显著改善混凝土的保水性和黏聚性，由于气泡能隔断混凝土中毛细管通道，以及气泡对水泥石内水分结冰时所产生的水压力的缓冲作用，因此，引气剂能显著提高混凝土的抗渗性和抗冻性。大量气泡的存在使得混凝土的弹性模量有所降低，从而对提高抗裂性有利。但由于引入大量的气泡，减小了混凝土受压有效面积，使混凝土强度和耐磨性有所降低。

2. 引气剂的使用

引气剂最常用的是松香热聚物，它不能直接溶解于水，使用时需将其溶解于加热的氢氧化钠溶液中，再加水配成一定浓度的溶液后加入混凝土中。当引气剂与减水剂、早强剂、缓凝剂等复合使用时，配制溶液时应注意其共溶性。

引气剂的掺量应根据混凝土的含气量确定。一般松香热聚物引气剂的适宜掺量约为 $0.006\%\sim0.012\%$（占水泥质量）。

5.5 防冻剂

防冻剂是能使混凝土在负温下硬化，并在规定养护条件下达到预期性能的外加剂。常用防冻剂是由多组份复合而成，其主要组份有防冻组份、减水组份、引气组份和早强组份等。

1. 防冻剂的种类

防冻剂的防冻组份可分为三类：氯盐类（如氯化钙、氯化钠）；氯盐阻锈类（氯盐与阻锈剂复合，阻锈剂有亚硝酸钠、铬酸盐、磷酸盐等）；无氯盐类（硝酸盐、亚硝酸盐、碳酸盐、尿素、乙酸盐等）。减水、引气、早强组份则分别采用前面所述的各类减水剂、引气剂和早强剂。

2. 防冻剂的作用机理

在寒冷季节或低温施工时，混凝土中加入防冻剂，防冻组份可改变混凝土液相浓度，降低冰点，保证了混凝土在负温下有液相存在，使水泥仍能继续水化；减水组份可减少混凝土拌合用水量，从而减少了混凝土中的成冰量，并使冰晶粒度细小且均匀分散，减小对混凝土的破坏应力；引气组份是引入一定量的微小封闭气泡，减缓冻胀应力；早强组份是能提高混凝土早期强度，增强混凝土抵抗冰冻的破坏能力。因此，防冻剂的综合效果是能显著提高混凝土的抗冻性。

5.6 膨胀剂

膨胀剂是能使混凝土产生一定体积膨胀的外加剂。混凝土工程中采用的膨胀剂种类有硫铝酸钙类、硫铝酸钙-氧化钙类、氧化钙类等。

1. 常用膨胀剂

硫铝酸钙类有明矾石膨胀剂（主要成分是明矾石与无水石膏或二水石膏）、CSA 膨胀剂（主要成分是无水硫铝酸钙）、U 型膨胀剂（主要成分是无水硫铝酸钙、明矾石、石膏）等。

氧化钙类有多种制备方法。其主要成分为石灰，再加入石膏与水淬矿渣或硬脂酸或石膏与黏土，经一定的煅烧或混磨而成。

硫铝酸钙-氧化钙类为复合膨胀剂。

2. 膨胀剂的作用机理

硫铝酸钙类膨胀剂加入混凝土中后，自身中无水硫铝酸钙水化或参与水泥矿物的水化或与水泥水化产物反应，生成三硫型水化硫铝酸钙（钙矾石），使固相体积大为增加，而导致体积膨胀。氧化钙类膨胀剂的膨胀作用主要由氧化钙晶体水化生成氢氧化钙晶体，体积增大而导致的。

3. 膨胀剂的使用

膨胀剂掺量的确定应根据设计和施工要求，膨胀剂的推荐掺量见表 5-2。膨胀剂掺量（E）以胶凝材料（水泥＋膨胀剂、或水泥＋膨胀剂＋掺合料）总量（B）为基数，按表 5-2 替代胶凝材料，即膨胀剂（E）％＝E/B。膨胀剂的掺量与水泥及掺合料的活性有关，应通过试验确定。考虑混凝土的强度，在有掺合料的情况下，膨胀剂的掺量应分别取代水泥和掺合料。

膨胀剂推荐掺量范围

表 5-2

膨胀混凝土种类	推荐掺量（内掺法）％	膨胀混凝土种类	推荐掺量（内掺法）％
补偿收缩混凝土	8～12	自应力混凝土	15～25
填充用混凝土	10～15	—	—

粉状膨胀剂应与混凝土其他原材料一起投入搅拌机，拌合时间应比普通混凝土延长 30s。膨胀剂可与其他外加剂复合使用，但必须有良好的适应性。掺膨胀剂的混凝土不得采用硫铝酸盐水泥、铁铝酸盐水泥和高铝水泥。

掺加膨胀剂的混凝土浇筑后的养护十分重要，应根据气温情况，及时浇水养护，使混凝土外露表面始终保持湿润状态，养护期不少于 7 天；负温施工要保证混凝土入模温度大于 5℃，浇筑后立即用塑料薄膜和保温材料进行保温保湿养护。

4. 膨胀剂的工程应用

混凝土膨胀剂主要用来配制膨胀混凝土，包括补偿收缩混凝土和自应力混凝土，补偿收缩混凝土具有补偿混凝土干缩和密实混凝土，提高混凝土抗渗性作用。在土木工程中主要用于混凝土防水和抗裂，可用于配制高等级防水混凝土，在自防水刚性屋面、砂浆防渗层、砂浆防潮层等方面广泛应用。特别是应用于地下工程结构自防水，使建筑结构与防水功能合一，可取消外防水，建筑结构更简单。

另外，使用膨胀剂配制的混凝土可采用超长钢筋混凝土无缝设计和施工技术，减少施工工序，使施工更简单，大大缩短工期；不留后浇缝，大面积连续浇注混凝；对于大体积混凝土工程还可防止大体积混凝土和高强混凝土温差裂缝的出现。除此之外，膨胀剂还可用于预制构件、框架结构接头的锚接、管道接头、后张预制构件的灌浆材料、后浇缝的回填、岩浆灌浆材料、机械设备的地脚螺栓、机座与混凝土基础之间的无收缩灌注等。

5.7　泵送剂

泵送剂是指能改善混凝土拌合物泵送性能的外加剂。所谓泵送性能，就是混凝土拌合物具有能顺利通过输送管道、不阻塞、不离析、黏塑性良好的性能。

1. 泵送剂的种类

泵送剂一般分为非引气剂型（主要组份为木质素磺酸钙、高效减水剂等）和引气剂型（主要组份为减水剂、引气剂等）两类。个别情况下，如对大体积混凝土，为防止收缩裂缝，掺入适量的膨胀剂。木钙减水剂除可使拌合物的流动性显著增大外，还能减少泌水，延缓水泥的凝结，使水泥水化热的释放速度明显延缓，这对泵送的大体积混凝土十分重要。引气剂能使拌合物的流动性显著增加，而且也能降低拌合物的泌水性及水泥浆的离析现象，这对泵送混凝土的和易性和可泵性很有利。

2. 泵送剂的使用

泵送混凝土所掺外加剂的品种和掺量宜由试验确定，不得任意使用，常用掺量为水泥用量的 1.5%～2.0%，能与拌合水一同掺入混凝土中，如果采用后渗法则效果更为显著，并且与其他同品种外加剂相容。

泵送剂适用于配制泵送混凝土、商品混凝土、大体积混凝土、大流动混凝土及夏期施工、滑模施工、大模板施工等混凝土工程，不仅能提高混凝土拌合物的和易性，降低泌水性能及离析，增大稠度，节约水泥，提高抗压、抗折、抗拉强度，并且延缓水化发热速率，避免开裂，使混凝土更密实，提高抗渗性及耐久性。

第6章

纤维增强复合材料

工程结构一般在使用一定时间后会出现各种破损或质量问题，如混凝土结构的粉化、疏松、剥落、开裂和钢筋锈蚀等，需要及时进行修补加固；而在特殊时期（战时）如遭受突然打击破坏情况下，需要快速抢修抢建。通常采用的传统补强方法主要有加大截面法、体外预应力法和外包钢板法几种，这些传统补强方法施工复杂，还要受到施工场地条件的种种限制。

20世纪80年代以来，纤维增强复合材料（简称FRP）修补技术作为一种高效率、低成本的先进结构修复方法，即将已固化的、半固化的或未固化的FRP材料粘贴到结构破坏损伤部位以完成结构修复的方法，在土木工程中得到了很大重视并进行了广泛的研究与应用。目前碳纤维增强复合材料（CFRP）修复混凝土结构技术已经成功并广泛应用于混凝土梁、板、柱、桥墩等工程结构的修复中。而FRP粘结修补飞机、航空器部件的铝金属薄板缺陷的成功运用，为其向钢结构工程领域进一步拓展提供了技术基础和借鉴。

6.1 纤维复合材料特点

纤维增强复合材料（简称FRP）是由高性能纤维，如碳纤维、玻璃纤维、芳纶纤维等与基体（主要是树脂体系）按一定比例，并经过一定加工工艺制成的一种复合材料。它的性能与其组成相加工工艺密切相关，随着FRP的开发应用和胶粘剂性能的不断改进，高性能复合材料依靠其优异的性能在航空、航天、体育、卫生、电子、兵器等领域得到了广泛的应用。目前在这些领域仍然是先进的主导修复材料和技术，同时，可广泛应用于桥梁、电站、水利工程及古建筑混凝土结构的修补、补强、加固。

与传统的结构修复方法相比，粘贴FRP修复结构技术具有明显的优势：

1）材料自重轻、力学性能优越，比强度和比刚度高。

2）具有可设计性，即可以根据结构缺陷的严重程度和受力情况进行设计。在单向FRP中，通过改变组份和组份含量以改变其纵向和横向性能以及它们的比值，对于FRP板，采用改变FRP铺层的取向与顺序来改变复合材料的弹性特性和刚度特性设计复合材料，从而适应特殊应用的要求，最大限度地提高结构的修复效果。

3）具有可成形性，对于复杂曲面结构（如压力容器、管道、安全壳等）的修复，该方法具有特别的优势。

4）具有良好的抗疲劳性能，能够改善动荷载环境下缺陷构件应力集中和承载情况，有效地阻止裂纹的继续扩展，从而提高结构的抗疲劳性能。

5）对母材损伤小，不需要对母材钻孔，不破坏原结构的整体性，不会形成新的应力集中源，避免新的孔边裂纹的产生。

6）FRP 对酸、碱、盐等腐蚀介质具有很好的耐腐蚀性能，与基层面有良好的界面粘结性能、密封性，减少了渗漏甚至腐蚀的隐患。

7）施工便捷、简便易行、成本低、效率高，特别适合于现场修复；现场实施无需大型专用设备，可节省人工与机器设备搬运，修复所用的时间短，大约是常规修复方法所用工时的 $1/5 \sim 1/3$，狭小空间亦可施工。

8）施工过程中无焊接明火，现场主要采用常温固化工艺施工，安全可靠，适用于特种环境，如燃气罐、贮油箱、井下设备（具有爆炸危险的情况）、电线密集处等危险环境。

FRP 材料由于其优异的性能而在混凝土结构加固中极具发展潜力，因此，粘贴 FRP 修复结构技术是一种很有发展前途的新型结构修复技术，具有广阔的应用前景。

目前在抢修加固中用到的 FRP 品种按形式分为布、板材、棒材、型材及短纤维等。

6.2　纤维复合材料的组成

纤维增强复合材料（简称 FRP）的基本构成材料是纤维和树脂。

1. 纤维

纤维由非常细的纤维丝组成，经过处理可形成不同结构的纤维。单根纤维丝是组成纤维的基本单元，直径大约为 $10\mu m$。无捻粗纤维是由多根纤维丝组成的连续纤维束，有捻纤维纱是经过纺织缠绕而成的纤维束。树脂是粘结介质，传递分布纤维间的应力，保证其形成整体并均匀受力。

根据所用纤维增强体的类型不同，常用的纤维复合材料可以分为玻璃纤维复合材料（GFRP）、碳纤维复合材料（CFRP）、芳纶纤维复合材料（AFRP）、玄武岩纤维复合材料（BFRP）等几类。

玻璃纤维分为无碱玻璃纤维（E 玻璃纤维）、中碱玻璃纤维（C 玻璃纤维）、高碱玻璃纤维（A 玻璃纤维）、高强玻璃纤维（S 玻璃纤维）及高模量玻璃纤维（M 玻璃纤维）。E 玻璃纤维和 S 玻璃纤维是土木工程中常用的玻璃纤维。玻璃纤维的主要优点是价格便宜，突出缺点是弹性模量相对较低，不耐碱，长期受力时易断裂。玻璃纤维增强材料，工程上常用的主要是以环氧树脂为基体的玻璃钢和以聚酯树脂为基体的聚酯玻璃钢。玻璃纤维可以拧成玻璃绳，玻璃绳可谓是绳中之王，非常牢固安全，还可以防腐蚀。由于玻璃纤维绳不怕海水腐蚀，因此用作船缆和起重机吊绳等。玻璃纤维经过加工，能织出各式各样的玻璃布，玻璃布既不怕酸，也不怕碱，所以可用作化学工厂的滤布。玻璃纤维还可以用来做玻璃纤维防火布，具有绝缘性好、耐热性强、抗腐蚀性好、机械强度高等优点。玻璃钢拉伸强度可达 1000MPa 以上，是普通建筑用钢材的 $3 \sim 4$ 倍；拉伸弹性模量 50GPa 以上，约为钢材的 $1/4$；密度约为 $1800kg/m^3$，是钢材的 $1/5 \sim 1/4$。

碳纤维是由有机纤维或低分子烃气体原料加热至 $1500^{\circ}C$ 所形成的纤维状碳材料，主要有聚丙烯腈基（PAN）碳纤维、粘胶基碳纤维及沥青基碳纤维。碳纤维复合材料具有轻质高强、弹性模量高、良好的耐热性能且热膨胀系数低等优点。碳纤维的性能好而稳定，而且其原材料几乎可以无限制地得到。乱向的短纤维加入混凝土中，可大大提高混凝土的抗裂性、延性和承载力。将碳纤维筋配置在混凝土内，可取代钢筋，混凝土结构即使处于较恶劣的环境下，也没有被腐蚀的危险。用碳纤维制成的布或薄板，贴于混凝土结构的外表面，其加固效果十分理想，不仅可大大提高受弯、受剪或受扭以及受压承载力，而且能减少裂缝宽度，甚至可增加刚度。同时，碳纤维索是钢质土层锚杆、岩石锚杆的优质代用品，它不受酸碱介质的侵蚀，使用期间不会发生更换之类的事故。缺点是生产价格通常较高。碳纤维布加固修补混凝土结构技术是一项新兴的结构加固技术，由于碳纤维布加固混凝土结构具有高强、高效、施工便捷、耐久耐腐、不增加结构自重及结构尺寸等优点，目前在工程中广泛应用。

芳纶纤维是芳香族聚酰胺类纤维的通称，是一种人造合成有机纤维，常见的类型有三种：Kevlar 纤维、Twaron 纤维、Technora 纤维。芳纶纤维最突出优点是具有韧性好、比强度高、抗冲击性好、耐疲劳、电绝缘、透电磁波等性能优异。在军事防护中主要有软制结构和硬制结构，可以制成防弹背心、防爆毯，或是与树脂复合制成硬头盔、装甲防爆内衬垫。由于其较好的耐切割性、耐热性和耐磨性，在工业上也可以作为防护服装，用芳纶制成的手套可以防止手指在工业操作过程中的切割、摩擦、穿刺、高温和火焰带来的伤害。缺点是耐光性、溶解性差，抗压强度低等。

玄武岩纤维是以天然玄武岩拉制的连续纤维，由玄武岩石料在 1450~1500℃ 熔融后通过铂铑合金拉丝漏板高速拉制而成。玄武岩纤维不仅强度高，而且还具有电绝缘、耐腐蚀、耐高温等多种优异性能。此外，玄武岩纤维的生产工艺决定了产生的废弃物少，对环境污染小，且产品废弃后可直接在环境中降解，无任何危害，因此是一种名副其实的绿色、环保材料。玄武岩纤维及其复合材料可以较好地满足国防建设、交通运输、建筑、石油化工、环保、电子、航空、航天等领域结构材料的需求，对国防建设、重大工程和产业结构升级具有重要的推动作用。纤维表面改性技术主要有表面氧化改性技术、化学镀/电镀表面改性技术、等离子体改性技术和涂层改性技术等，其中涂层改性技术应用最为广泛，主要目的为提高其力学能和对环境抗老化性能，以及与其他材料复合性能。将玄武纤维布经化学印染整理可以染色和印花，有机氟整理可做成防油防水永久阻燃布。玄武纤维布可制造的服装有：消防员灭火防护服，隔热服，避火服，炉前工防护服，电焊工作服，军用装甲车辆乘员阻燃服。

根据实际工程中使用方式的不同，以上各类纤维复合材料通常又可以加工成用于外贴在结构表面的纤维布、纤维板和纤维格栅等纤维片材，用于代替传统钢筋的纤维筋材，以及用于包裹约束混凝土并充当浇筑模板作用的纤维管材等多种具体形式。其中，工程中使用较多的是碳纤维布和玄武岩纤维筋。

2. 树脂

纤维增强复合材料对环境的耐受能力和使用寿命依赖于基体。FRP 中常用的树脂主要包括环氧树脂、酚醛树脂、聚酯等。树脂的主要作用是固结分散的增强体以形成复合材料整体和赋予制作形状，保护增强体不受或少受环境的不利影响，并且传递荷载。树脂材料赋予复合材料基本物理性能，同时决定着复合材料的加工性能。

6.3 FRP 外贴补强加固技术

1. FRP 外贴补强加固技术的施工方法

FRP 外贴补强加固技术的施工方法分为 4 种：干铺体系、湿铺体系、预浸渍体系及预处理体系。

干铺体系是将单向或多向纤维布在施工现场直接粘贴到涂好胶体的混凝土构件表面的一种方法。湿铺体系是将单向或多向纤维布在施工现场浸渍胶体后粘贴到被加固构件表面的一种施工方法。干铺体系与湿铺体系的区别在于粘贴纤维布之前是否浸渍树脂，如果粘贴纤维布之前没有浸渍树脂，就是干铺体系；如果粘贴纤维布之前已经浸渍了树脂，就是湿铺体系。干铺体系和湿铺体系施工比较灵活，可以适应各种结构体系，施工时要确保纤维布的平整、树脂浸渍饱满及环境通风等。

预浸渍体系是单向或多向纤维布在工厂预先浸渍树脂后，粘贴到被加固构件表面的一种施工方法。由于纤维布事先浸渍树脂，因此预浸渍体系比湿铺体系的质量更容易得到保证。预浸渍体系在施工现场也可采用一定的加热措施保证树脂的粘贴效果。

预处理体系是粘贴纤维板或纤维壳常用的一种施工方法。纤维板或纤维壳是在工厂里将纤维与树脂按照一定的比例事先处理过的 FRP 产品，被加固构件的表面需要处理得更平整。粘贴后，要使用滚子将多余的胶体及气泡排出。相对于前几种体系，预处理体系不适用于不规则构件的加固。

除了上述的几种施工方法外，美国等国家还针对桥梁墩柱发明了粗纤维缠绕施工方法。加固设备主要是缠绕机，它能上下移动，并可以绕着墩柱旋转，将事先浸渍过树脂的连续粗纤维按照一个方向缠绕在墩柱的表面，形成厚度均匀的纤维壳，从而起到修补加固作用。

其他 FRP 加固技术还有：

1）NSMR 加固技术。NSMR 加固技术也称为近表面嵌入式加固技术，是近年来开发的一种新的 FRP 加固技术，是将 FRP 板条使用环氧树脂嵌入混凝土保护层中加固混凝土构件，施工工艺是将混凝土保护层切出沿梁纵向的凹槽，然后将环氧树脂注入槽中，再将 FRP 筋或 FRP 板条板嵌入槽中，然后灌入树脂填平凹槽。

2）MF-FRP 法。MF-FRP 法也称机械紧固 FRP 条带的加固方法，是通过机械锚固的方式使 FRP 条带与混凝土梁共同工作。

2. 外贴纤维复合材料技术

以碳纤维、玻璃纤维等复合材料，用结构胶料贴于构件主要受拉部位，提高截面受弯、受剪及混凝土抗压强度的加固方法，称为外贴纤维复合材料法。优点是轻质高强、施工简便，可曲面或转折粘贴；缺点是有机胶的长期强度较低及耐老化性能较差、不耐火、不能焊接、环境温度湿度控制较严；适用于因配筋量不足的受弯、受拉构件加固，特别是简支梁板及大障碍的连续梁板加固。对于设计使用年限较长（大于 5 年）的新建工程外贴纤维复合材料法加固，应采取可靠的防腐和附加锚固措施；对于框架结构加固，应有可靠的锚固和节点构造措施。采用外贴纤维复合材料加固限定的环境温度不大于 60℃，相对湿度应不大于 70%。对于高温、高湿及存在有害介质环境，以及直接暴露于阳光下的室外条件，应采用特种胶，且有专门的防护措施。

采用纤维复合材条带对受弯构件的斜截面受剪承载力进行加固时，应粘贴成垂直于构件轴线方向的环形箍或其他有效的 U 形箍。

采用纤维复合材料外贴法进行修补加固时需要注意以下技术要点：

1）外贴纤维复合材料加固梁板，受弯承载力提高幅度不宜过大，一般不超过 30%，应避免出现强弯弱剪现象。对于简支梁板及连续梁板正弯矩区受弯加固，纤维片材应沿底面齐支座边沿通长粘贴。对于连续梁板负弯矩区受弯加固，纤维片相应根据弯矩包络图布置，其延伸长度的截断点应位于正弯矩区，且距正负弯矩转换点距离不小于 1m，边端可弯折向下粘贴于垂直方向的边梁侧面。对于现浇楼盖框架梁负弯矩受弯加固，纤维片材可齐柱边布置在梁有效翼缘内。

梁柱斜截面受剪加固，重要结构应采用环形箍。一般结构可采用加锚 U 形箍。轴心受压柱当采用沿其全长无间隔地环向连续缠绕粘贴纤维织物方法提高混凝土抗压强度时，或间隔缠绕作为附加箍筋提高构件延性时，纤维层数对于圆形柱截面应不少于 2 层，对于方形和矩形截面柱应不少于 3 层。数层宜一次连续绕贴粘结而成，中间不宜断开，最后环向收头搭接长度应不小于 200mm。

2）纤维复合材料加固基材混凝土强度等级不应低于 C15。纤维复合材基本性能要求及设计指标、粘接用的胶粘剂基本性能指标、底涂和修补用的胶粘剂主要性能指标等均应经过检测符合国家相关技术标准要求。

3）纤维复合材料的布置与构造应避免结合面间剥离破坏，胶层只传递剪力，结合面不应出现法向拉应力，纤维片只承担拉应力。对此，可采用"射钉＋压结钢片"对纤维片端部、支座边缘、集中荷载处及搭接等部位进行压结和附加锚固。

3. 纤维复合材料绕丝加固技术

通过缠绕各种纤维丝或纤维布（碳纤维、玻璃纤维等）使被加固构件混凝土受到约束，而提高其结构位移延性、轴压承载力及受剪承载力的加固方法称为绕丝加固法。优点是不改变构件外形和使用空间，不用动火动电，不影响工程的正常使用；缺点是对非圆形构件作用不大；适用于混凝土强度等级在 C15～C50 之间的受压构件，因正截面受压承载力不足、斜截面受剪承载力不足或结构延性不满足要求的圆形、方形或矩形构件加固。

绕丝加固法以圆形、方形截面构件较好，矩形截面构件要求 $h/b<1.5$，h 为截面边长，b 为截面边宽。绕丝用的碳纤维布及玻璃丝布、浸渍（粘结）用胶、底涂和修补用胶等材料，其性能指标应满足相关规定。

6.4 FRP 网格补强加固技术

FRP 网格作为一种新开发的新型高性能结构增强材料，正处于从实验室研究向工程应用的转型阶段。FRP 网格结构的节点可锚固到加固结构内部，结构整体性明显增强，受力形式得到改善，这使得加固效果得到有效提高，同时加固结构的受力模型也将更为复杂。

FRP 材料在岛礁工程和防护工程中的应用非常多。纵观国内外的研究现状，目前对静载作用下 FRP 网格加固混凝土梁、板、柱的研究较为成熟。

1. FRP 网格加固混凝土梁结构

FRP 网格加固混凝土梁结构的基本力学性能和抗爆性能较未加固梁均有一定程度的

提高，且界面剪切破坏是 FRP 网格加固混凝土梁的主要失效模式。FRP 加固层在有效替代部分箍筋和混凝土作用力的同时，可以很好地抑制混凝土裂缝的形成和扩展，显著提高混凝土梁的极限抗剪承载力和延性性能。

2. FRP 网格加固混凝土板结构

FRP 网格加固混凝土板相比于没有加固的板，强度和刚度均有所提高。FRP 加固混凝土板的抗爆能力甚至能达到未加固板的两倍以上。特别当使用两种或两种以上 FRP 材料混杂加固之后，其效果优于单一的 FRP 材料加固，将极大地改善板的破坏形式。

3. FRP 网格加固混凝土柱结构

与传统约束混凝土相同，在使用 FRP 网格对柱进行加固时，可以明显提高 FRP 加固柱的峰值承载力，表现出良好的韧性和变形能力。FRP 网格约束混凝土柱相比于传统 FRP 约束混凝土柱有更强的界面抗剪能力。

4. FRP 网格加固墙体结构

FRP 网格加固墙体结构在荷载作用下将出现冲切破坏、弯压破坏、纤维材料剥离和断裂破坏等。在考虑界面剥离的基础上，FRP 网格的连续性能很好地保护砖墙，加固后墙体的延性及变形能力有了较大提高，抗震性能明显改善。

采用 FRP 网格加固后的混凝土结构的极限承载能力和抗爆能力有效提高。混凝土结构加固有效性基于以下三点：①荷载作用下，高强度的 FRP 能提高结构的整体承载能力；②外贴复合材料提高了混凝土结构的截面刚度，抑制了变形和裂缝开展；③荷载作用下，胶粘剂的使用使混凝土结构和纤维复合材料连接紧密，形成良好的整体工作性能。

FRP 网格具有高强高效、易施工、耐高温、耐腐蚀、自重小和较低的电磁感应等优点，可较好地解决防护工程提高抗力和加固改造中面临的诸多难题，可通过锚固的方式将 FRP 网格节点与结构连接起来，使得结构整体性得到增强，提高结构的安全系数和生存能力。

6.5 FRP 管加固技术

对于纤维增强材料加固受损的钢筋混凝土结构，常用的方法为 FRP 材料外贴法，但 FRP 弹性模量小、层间剪切强度低，而且对构件承载力的提高幅度有一定的限制。为此，在 FRP 材料外贴法的基础上，基于 FRP 和灌浆料的优点，提出了 FRP 管加固局部受损混凝土柱的加固方法。

1. 加固原理

将原有受损部分换为强度更高的灌浆料，灌浆料和外套 FRP 管有着良好的粘结，通过植筋与核心混凝土有机地结合起来，使组合结构的整体性得到大大增强。外套 FRP 管对核心区域有着良好的约束，使其处于三向压应力状态，轴向抗压强度得到显著提高，从而提高整个混凝土柱的承载力，增强整个混凝土柱的延性。早强型灌浆料有着较好的性能，凝结时间短，抗压强度高，膨胀率低，灌浆料硬化后无收缩，流动性和自密实性能良好，与钢筋粘结强度高，对钢筋有很好的保护作用。FRP 管有着较强的约束能力，使得加固截面在相对增加不大的情况下达到加固目的，几乎不侵占使用空间，附加自重对整个结构影响不大；外套 FRP 管自重轻，又可以用作灌浆料模板，简化施工工序，方便快捷，大大降低了工程费用。

2. 施工方法

首先对钢筋混凝土柱进行卸载，将钢筋混凝土柱局部受损部位及外围部分凿除，对锈蚀的钢筋则进行除锈工作，清除碎石、浮浆、灰尘等杂物，将预制成型的 FRP 壳环裹于被凿除的既有钢筋混凝土柱，形成圆形管状，保证 FRP 壳与既有钢筋混凝土柱同轴，然后将 FRP 浸渍环氧胶液，搭接 FRP 壳，使之成为类似于焊接钢管的 FRP 管。在 FRR 管和既有钢筋混凝土柱之间的空隙浇筑早强型无机灌浆料，从而形成整体性能良好的组合柱。

3. 技术特点

FRP 管加固局部受损混凝土柱，这种新的加固方法利用了 FRP 的新材料、FRP 成管新技术和 FRP 约束混凝土新结构 3 个方面的特点，既能在解决旧问题时表现出明显的长处，又能在处理新问题中发挥优势。这种加固方法针对局部受损结构，具有独特优点，相对于加固整个构件而言，具有造价低廉的优势，相对其他加固方法具有施工便利、工作量少的优点。

6.6　碳纤维复合材料（碳纤维布）加固

碳纤维布加固修补混凝土结构技术是一项新兴的结构加固技术，由于碳纤维布加固混凝土结构具有高强、高效、施工便捷、耐久耐腐、不增加结构自重及结构尺寸等优点，目前在工程中广泛应用。

1. 碳纤维布（CFRP）

碳纤维布即碳纤维增强聚合物（简称 CFRP，也称为碳纤维增强塑料），它是由环氧树脂粘高抗拉强度的碳纤维束而成的。碳纤维一般是直径为 $5\sim20\mu m$ 的连续纤维。基材由树脂和固化剂组成，用树脂（内加固化剂）浸润碳纤维，采用环氧树脂将碳纤维布粘贴在结构受拉面，待树脂固化后与原结构形成新的受力复合体，碳纤维布即可与钢筋共同受力，由于碳纤维布分担了荷载，就降低了原有钢筋的应力，而使结构得到加固补强。

高强度碳纤维布的抗拉强度可达 $3400N/mm^2$，比钢材高 $7\sim10$ 倍，弹性模量有 $2.35\times10^5\sim3.8\times10^5N/mm^2$ 等几种，与钢筋相近或略高，因此，碳纤维片有很好地与钢筋共同工作的性能。由于采用了不同配比、性能各异的环氧树脂料，可以使界面树脂渗入混凝土中，片材紧随构件外形粘贴，粘贴用的树脂料又具有较高粘结强度，能有效传递碳纤维布与混凝土两种材料间的应力，保证不产生界面的粘结剥离。碳纤维布待树脂固化后便形成了碳纤维增强塑料，其密度小，为普通钢材的 1/6；强度高，抗拉强度为普通钢筋的 $4\sim6$ 倍；抗腐蚀性能好，强度不受酸碱腐蚀介质的影响；非磁性，不影响电磁信号的传播；抗疲劳性能优良，疲劳寿命普遍优于钢材；温变系数和混凝土相当；弹性模量和钢材相近；极限延伸率 1%。

碳纤维布对结构进行加固技术可以广泛地应用于国防工程和房屋建筑工程等各个领域中的结构加固和补强，例如，南京新机场高速公路禄口高架桥修补。该桥第 $111\sim112$ 导墩的上部结构为预应力钢筋混凝土板梁结构，跨径 20m，桥宽 12m。由于桥下失火导致板梁底部混凝土剥落，部分钢筋外露，修复时采用了碳纤维片，将烧伤的混凝土凿除至混凝土密实及损伤处，对暴露的钢筋除锈并用环氧砂浆修补复原，然后在表面粘贴一层 TXD-C-20 型碳纤维片封闭，整个修补过程只用了 5d 时间。另外，徐州铁路某大桥钢筋混凝土梁补强、扬州江都大桥箱梁补强等修补工程都使用了高强度碳纤维布进行了修补加固，快速高效，修补效果优良。除此之外，北京人民大会堂大礼堂舞台框架梁补强、南京地质博物馆因结构构件超出使用年限而进行加固等工程也采用了性能优良的碳纤维布进行补强加固，效果良好。

2. 碳纤维布（CFRP）加固技术

碳纤维布（CFRP）加固技术具有传统加固方法所不能比拟的技术特点，具体体现在以下八个方面：

1）优异的力学性能，可有效应用于多种形式的结构补强，包括抗弯、抗剪、抗压、抗疲劳、抗震、抗风、控制裂缝和挠度的扩展、增加结构的延性等。

2）耐久性好，碳纤维布和环氧树脂的化学稳定性都非常好，经过补强和维修的结构具有较强的抗酸、碱、盐、紫外线侵蚀和防水能力，具有足够的适应气温变化的能力，易于外加防火涂层后有效地防火，可以大大增强结构对恶劣外部环境的适应能力，在重复荷载作用下的疲劳性能也优于金属及混凝土材料，延长结构寿命，这是包钢方法不可比拟的，可长期经受核辐射和紫外线照射，在−54～82℃温度环境条件下使用，强度不降低，耐久性突出。

3）材料轻质高强，所增加的结构自重几乎可以忽略不计。碳纤维布的密度仅 200～300g/m^2，设计厚度 0.111～0.167mm，加上环氧树脂的重量也仍然很轻，对结构自重的影响可忽略不计。

4）施工简便迅速，用碳纤维布修复补强混凝土结构只需将被修补部位的混凝土表面修补打磨平整，表面洁净，涂刷特定的环氧树脂，然后粘贴碳纤维布，最后再涂刷一层环氧树脂自然固化养护即可，不需任何夹具、模板和支撑，施工既简便又迅速。补强施工所用的仅仅是小型电动工具，不像传统补强方法需要众多工种、大量劳动力、大型施工设备及吊装机械，因而可以往传统技术无法施工的有限作业空间内实施；而且进度快、工期短，更能在持续交通有振动的情况下操作，从而大大缩短工程停工、停止运营或断路施工的时间，极大地降低经济损失和社会影响。

5）碳纤维布的厚度很薄，材料柔软，可以裁剪成所需形状，顺应结构的外形粘贴在混凝土表面，如变截面梁、曲线梁，均可方便地粘贴；而且补强后不改变结构外形，能适应各种结构外形的补强，同时便于用所需色彩涂装，而不显露补强痕迹。

6）可以多层粘贴。根据补强设计的要求，碳纤维布可以在一个部位重叠粘贴，即贴一层后上面再贴一层，连续贴很多层，充分满足补强的要求。

7）能有效地封闭混凝土的裂缝。碳纤维布粘贴在混凝土的表面，不仅封闭了混凝土的裂缝，而且碳纤维布高强高模量的特性约束了混凝土结构裂缝的生成与扩展，改变了裂缝的形态，使宽而深的裂缝变成分散的细微型缝，从而提高了混凝土构件的整体刚度。

8）不影响结构的外观。破纤维布的厚度很薄，粘贴固化后表面还可涂刷与原结构颜色一致的涂料，从而不影响结构的外观。

采用碳纤维快速修补加固的应用范围包括：梁、板、柱、剪力墙补强，涵洞、隧道等的快速修补加固。

3. 碳纤维布（CFRP）加固混凝土柱原理

钢筋混凝土柱在承受轴向压力时，构件破坏是由于受到极限值非常小的横向扩张引起的，如能在构件四周创造横向约束，以阻止受压构件的这种横向扩张，从而可提高构件抗压承载力和变形能力。

碳纤维布加固钢筋混凝土柱就是在柱混凝土和碳纤维布增强层之间产生约束作用，它们之间的相互作用力称为界面约束应力，受横向界面约束应力的作用，塑性区的核心混凝土处于三向应力状态，与单向受力状态相比，混凝土的极限压应变和承载力提高，在柱弯曲承载力没有明显下降的情况下，并不考虑失稳的影响，加固后钢筋混凝土柱具有较大的延性变形与耗能能力。

采用碳纤维布外包钢筋混凝土加固技术时应注意以下操作：

1）前期准备。钢筋混凝土柱在加固前，需要对构件采取一定量的卸载工作，进行构件表面清理，清除表层混凝土浮浆及松动的混凝土，修复构件表面缺陷或不平整度。

2）混凝土表面粘贴碳纤维布。根据混凝土补强要求和试验情况，可采用单层或多层碳纤维布箍带间隔加固或全截面外包加固的方法。

碳纤维布粘贴胶均为有机胶（特殊设计的环氧树脂）。构件加固质量的优劣与粘贴胶有直接影响，目前市场的粘贴胶根据权威部门调查不容乐观，因此粘贴胶施工前的检测至关重要。

粘贴程序：首先进行基层处理，剔除构件需加固部位的装饰层，并清理干净；在此基础上刷底层粘贴胶；用胶泥将加固构件表面的孔洞修补平整；涂刷面胶；涂贴第一层碳纤维布；涂刷面胶，如需粘贴多层碳纤维布，则重复上述工序；最后进行表面装饰或防火处理。

3）加固施工要点：

（1）钢筋混凝土柱加固前的卸荷，此项工作往往被忽视。混凝土构件在负荷外包碳纤维布时，外包碳纤维布相对于混凝土柱表面存在应变滞后，常发生碳纤维布尚未被拉断混凝土已被压坏的情况，这种效应使得碳纤维布的补强效果降低，不能充分发挥碳纤维布的高强抗拉性能。

（2）矩形柱拐角倒角的半径不得小于 20mm，柱侧最好修成外凸面，减轻角部碳纤维布的集中应力，很多试验表明即使如此碳纤维布的破坏仍然发生在拐角部位。

（3）混凝土构件表面的修复工作极为重要，其直接影响碳纤维布对混凝土的横向约束效果。

4. 加固后的效果

1）碳纤维布加固钢筋混凝土柱，使混凝土承受的轴向受力状态变为三向受力状态，约束混凝土的承载力和变形能力得到提高，特别对轴压比不能满足抗震设计要求的钢筋混凝土柱加固效果比较明显。

2）提高塑性铰区的承载力及延性，钢筋混凝土柱在地震荷载的反复作用下，上下端会首先出现塑性铰区，承载能力及延性迅速下降，用碳纤维布进行缠绕加固，塑性铰区核心混凝土受到约束后极限强度及变形能力大幅提高。

3）加固施工工艺简单，约束效果好、抗腐蚀能力强，加固完成后不需要定期保养，但要注意保护。

4）采用碳纤维布加固技术对混凝土柱进行加固并非是万能的，它的缺点是有机胶耐高温性能差，对于高温环境及防火等级要求高的环境不宜采用；另外，对于不规则或大截面矩形柱也应该有条件地采用。

6.7　结构加固用胶粘剂

承重结构用的胶粘剂，宜按其基本性能分为 A 级胶和 B 级胶；对重要结构、悬挑构件、承受动力作用的结构、构件，应采用 A 级胶；对一般结构，可采用 A 级胶或 B 级胶。

承重结构用的胶粘剂，必须进行安全性能检验。检验时其结构抗剪强度标准值应满足保证率为 95% 的要求。

浸渍、粘结纤维复合材的胶粘剂必须采用专门配制的改性环氧树脂胶粘剂。其安全性能指标必须符合规定。承重结构加固过程中不得使用不饱和聚酯树脂、醇酸树脂等作浸渍、粘结胶粘剂。碳纤维复合材浸渍/粘结用胶粘剂安全性能指标见表 6-1。

碳纤维复合材浸渍/粘结用胶粘剂安全性能指标　　表 6-1

性能项目		性能要求	
		A 级胶	B 级胶
胶体性能	抗拉强度（MPa）	≥40	≥30
	受拉弹性模量（MPa）	≥2500	≥1500
	伸长率（%）	≥1.5	
	抗弯强度（MPa）	≥50 且不得呈脆性（碎裂状）破坏	≥40 且不得呈脆性（碎裂状）破坏
	抗压强度（MPa）	≥70	
粘结能力	钢-钢拉伸抗剪强度标准值（MPa）	≥14	≥10
	钢-钢不均匀扯离强度（kN/m）	≥20	≥15
	与混凝土的正拉粘结强度（MPa）	≥2.5,且为混凝土内聚破坏	
	不挥发物含量（固体含量）（%）	≥99	

粘贴纤维和混凝土的胶粘剂按其工艺的不同分为两种类型：一类由配套的底胶、修补胶和浸渍、粘结胶组成；另一类为免底涂且浸渍、粘结与修补兼用的单一胶粘剂。可根据工程需要任选一种类型。底胶的安全性能指标见表 6-2。

底胶的安全性能指标　　表 6-2

性能项目	性能要求	
	与 A 级胶匹配	与 B 级胶匹配
钢-钢拉伸抗剪强度标准值（MPa）	≥14	≥10
与混凝土的正拉粘结强度（MPa）	≥2.5,且为混凝土内聚破坏	
不挥发物含量（固体含量）（%）	≥99	
混合后初黏度（23℃）（MPa·s）	≤6000	

粘贴钢板或外粘型钢的胶粘剂，必须采用专门配制的改性环氧树脂胶粘剂。粘钢及外粘型钢用胶粘剂安全性能指标见表 6-3。

粘钢及外粘型钢用胶粘剂安全性能指标   表 6-3

性能项目		性能要求	
		A 级胶	B 级胶
胶体性能	抗拉强度（MPa）	≥30	≥25
	受拉弹性模量（MPa）	≥3.5×10³	
	伸长率（%）	≥1.3	≥1.0
	抗弯强度（MPa）	≥45 且不得呈脆性（碎裂状）破坏	≥35 且不得呈脆性（碎裂状）破坏
	抗压强度（MPa）	≥65	
粘结能力	钢-钢拉伸抗剪强度标准值（MPa）	≥15	≥12
	钢-钢不均匀扯离强度（kN/m）	≥16	≥12
	钢-钢粘结抗拉强度（MPa）	≥33	≥25
	与混凝土的正拉粘结强度（MPa）	≥2.5,且为混凝土黏聚破坏	
	不挥发物含量（固体含量）（%）	≥99	

种植锚固件的胶粘剂，必须采用专门配制的改性环氧树脂胶粘剂或改性乙烯基配类胶粘剂（包括改性氨基甲酸酯胶粘剂）。种植锚固件的胶粘剂，其填料必须在工厂制胶时添加，严禁在施工现场掺入。

钢筋混凝土承重结构加固用的胶粘剂，其钢-钢粘结抗剪性能必须经湿热老化检验合格。湿热老化检验应在 50℃温度和 98% 相对湿度的环境条件下进行，老化时间：重要构件不得少于 90d；一般构件不得少于 60d。经湿热老化后的试件，应在常温条件下进行钢-钢拉伸抗剪试验，其强度降低的百分率（%）应符合下列要求：A 级胶不得大于 10%；B 级胶不得大于 15%。

混凝土结构加固用的胶粘剂必须通过毒性检验，其检验结果应符合国际无毒卫生等级的要求。

寒冷地区加固混凝土结构使用的胶粘剂，应具有耐冻融性能试验合格的证书。冻融环境温度应为 −25～35℃；循环次数不应少于 50 次；每一次循环时间应为 8h；试验结束后，试件在常温条件下测得的钢-钢拉伸抗剪强度降低百分率不应大于 5%。

第 7 章

注浆材料

注浆（或灌浆）是一项工程活动，它是利用配套的机械设备，采取合理的注浆工艺，将合适的注浆材料注入工程对象，以达到填充、加固、堵水、抬升以及纠偏等目的。

注浆技术是与软弱地层和地下水作斗争的一门关键技术，其主要作用在于加固和堵水，目前，注浆技术已渗透到地下工程的各个角落，较好地解决了施工中所遇到的难题。注浆工程应用范围主要包括软岩加固、注浆堵水、回填防沉、滑坡防治、变形控制、塌方处理、基坑截水帐幕、渗漏水治理、大坝防渗、混凝土结构裂缝整治、路面整治、工程抢险等。

注浆材料是在压力作用下注入构筑物的缝隙孔洞之中，具有增加承载能力、防止渗漏以及提高结构的整体性能等效果的一种工程材料。注浆材料在孔缝中扩散，然后发生胶凝或固化，堵塞通道或充填缝隙。由于注浆材料在抢修抢建特别是防水堵漏方面有较好作用，因此也称为堵漏材料。

7.1 注浆材料分类

注浆材料可分为固粒注浆材料和化学注浆材料两大类。固粒注浆材料主要有水泥浆、水泥-水玻璃双液浆、超细水泥浆、超细水泥-水玻璃双液浆、黏土浆、水泥黏土浆等。该类注浆材料具有料源广、成本低、配浆简单、注浆操作工艺方便等优点，因此，在各类地下工程中被广泛使用。

化学注浆材料主要有水玻璃类、丙烯酰脂类、聚氯脂类、丙烯酸盐类、环氧树脂类等。该类注浆材料具有黏度低、易于注入细小的裂隙或孔隙中、可注性强等优点，但成本较高、对环境有污染、操作工艺较复杂。

根据注浆工艺要求不同，可将注浆材料分为单液浆和双液浆两类。单液浆主要有水泥浆、超细水泥浆、改性水玻璃浆等，双液浆主要有水泥-水玻璃双液浆、超细水泥-水玻璃双液浆等。地下工程注浆，主要包括修补加固和堵水注浆两个主要方面，针对修补加固注浆，对注浆材料凝结时间没有特殊要求，但对于堵水注浆，要求注浆材料不仅有良好的可灌性，而且能够控制注浆材料的凝结时间，否则容易引起浆液的流失，难以达到注浆堵水的目的。

为了缩短注浆液的凝结时间，可采用双液注浆工艺进行注浆。在实际工程中为保证注浆材料的作用效果，注浆材料应具有良好的可注性、胶凝时间可调性、与被注体有良好粘结性，良好的强度、抗渗性和耐久性等优良性能。注浆材料应根据工程性质、被注体的状态和注浆效果等情况进行优选，同时并配以相应的注浆工艺。

目前地下工程常用注浆材料主要有普通水泥浆、普通水泥-水玻璃双液浆、水玻璃、环氧树脂、聚氨酯等。

7.2 常用注浆材料

1. 单液水泥浆

以水泥为主添加一定量的附加剂，用水配制成浆液，采用单液方式注入，这样的浆液称为单液水泥浆。所谓附加剂，是指速凝剂、早强剂、塑化剂、悬浮剂等外加剂。

单液水泥浆来源丰富、价格低廉，浆液结石体强度高、抗渗性能好、工艺及设备简单、操作方便，因此是建筑工程中最常用的一种注浆料。但作为注浆材料，由于水泥是颗粒材料，可注性较差，难以注入中细粉砂层及细缝隙岩层，同时，水泥浆凝结硬化慢，早期强度较低，因此对于抢修抢建工程来说单液水泥浆并不是最佳选择。

2. 水泥黏土类浆液

在单液水泥浆中，根据施工目的和要求的不同，有时需加入一定量的黏土，称为水泥黏土类浆液。

水泥黏土类浆液成本低，流动性好；采用单液方式注入，设备简单，操作方便；浆液无毒性，对地下水和环境无污染，比使用化学药剂作为添加剂的浆液更安全，但是使用黏土，破坏良田，对环保不利，强度较低。

3. 水泥-水玻璃类浆液

水泥-水玻璃类浆液是以水泥和水玻璃为主剂，两者按一定的比例采用双液方式注入的注浆材料。水泥-水玻璃类浆液是建筑工程中一种用途极其广泛、使用效果良好的注浆材料。水泥-水玻璃类浆液的可控性好，浆液的凝结时间可准确控制在几秒到几十分钟的范围内；浆液硬化体强度高，可达 $10.0 \sim 20.0$MPa；浆液硬化后渗透系数较小，抗渗性好。

水泥-水玻璃类浆液的原材料来源丰富，价格便宜，浆液对地下水和环境无污染。在注浆工程中，对于 0.2mm 以上裂隙及 1mm 以上粒径的砂层的注浆施工较为适宜。水泥-水玻璃类浆液是以水泥和水玻璃为主剂，必要时加入速凝剂形成的注浆材料，改变了单一浆液凝结时间长、强度低等缺点，提高了水泥注浆的效果，扩大了水泥注浆的范围。

水泥-水玻璃类浆液适用于隧道大涌水、突泥封堵及岩溶流塑粒土的劈裂固结，在地下水流速较大的地层中采用这种混合型浆液可达到快速堵漏的目的。另外，水泥-水玻璃类浆液也可用于防渗和加固注浆，是隧道施工中的主要注浆浆材。

4. 水玻璃类浆液

水玻璃是应用最早的化学注浆材料，主要成分是硅酸钠或硅酸钾。水玻璃类浆液是指水玻璃在固化剂作用下产生凝胶的一种注浆材料。水玻璃是一种水溶性的碱金属硅酸盐。钠水玻璃分子式为 $Na_2O \cdot nSiO_2$，分子式中的 n 称为水玻璃的模数，代表 Na_2O 和 SiO_2 的摩尔比，n 值越大，水玻璃的黏度越高，但水中的溶解能力下降，n 值越小，水玻璃的黏度越低，越易溶于水，土木工程中常用模数 n 为 $2.6 \sim 2.8$，既易溶于水又有较高的强度，具有较强的粘结性。

水玻璃注浆材料在促凝剂的作用下，水玻璃水解生成硅酸，并聚合成具有体型结构的凝胶，因此，当水玻璃溶液涂刷或浸渍材料后，能渗入缝隙和孔隙中，固化的硅凝胶能堵塞毛细孔通道，提高材料的密度和强度，从而提高材料的抗风化能力和耐久性。为了加速水玻璃的凝结固化速度和提高强度，水玻璃使用时一般要求加入固化剂，比较成熟的水玻璃固化剂有氯化钙、铝酸钠和硅氟酸等。

水玻璃类浆液由于水玻璃本身来源丰富，价格低廉，污染较小。水玻璃注浆材料主要用于土质基础或结构的加固及防渗堵漏。

5. 环氧树脂注浆材料

环氧树脂注浆材料是以环氧树脂为主体，加入一定比例的固化剂、促进剂、稀释剂、增韧剂等成分而组成的一种化学注浆材料。环氧树脂主要是双酚 A 环氧树脂，亦可掺加部分脂肪族环氧树脂、缩水甘油酯型环氧树脂等来改善树脂黏度和固化性能。固化剂和促进剂一般为能在室温下固化的脂肪族伯、仲胺和叔胺，如乙二胺、二乙烯三胺、DMP-30等，稀释剂常用丙酮、苯、二甲苯等，常用增塑剂有邻苯二甲酸二丁酯、邻苯二甲酸二辛酯、磷酸三乙酯等。

环氧树脂注浆材料具有强度高、粘结力强、收缩小、化学稳定性好、施工中无需养护等优点，特别对要求强度高的重要结构裂缝的修复和漏水裂缝的处理效果很好。

6. 甲基丙烯酸甲酯注浆材料

甲基丙烯酸甲酯注浆材料又称甲凝，它是以甲基丙烯酸甲酯、甲基丙烯酸丁酯为主要原材料，加入过氧化苯甲酰（氧化剂）、二甲基苯胺（还原剂）和对苯亚磺酸（抗氧剂）等组成的一种低黏度的注浆材料，通过单体复合反应而凝结固化。

甲基丙烯酸甲酯注浆材料黏度比水低，渗透力强，扩散半径大，可灌入 0.05～0.1mm 的细微裂隙，聚合后强度和粘结力都很高，光稳定性和耐酸碱性均较好。甲基丙烯酸酯注浆材料宜于干燥情况下，而不宜于直接堵漏和十分潮湿情况下使用，可用于大坝、油管、船坞和基础等混凝土的补强和堵漏。

7. 丙烯酰胺注浆材料

丙烯酰胺注浆材料又称丙凝，它是以丙烯酰胺为基料，并与交联剂、促进剂、引发剂等材料组成的化学注浆材料。丙烯酰胺是易溶于水的有机单体，可聚合成线型聚合物，使用前将引发剂和其他材料分别配制两种溶液（甲、乙液），按一定比例同时进行灌注，浆体在缝隙中聚合成凝胶体而堵塞渗漏通道。

丙烯酰胺注浆材料黏度低，与水接近，可注性极好。浆料的胶凝时间可以精确调节，凝结前的黏度保持不变，有较好渗透性，扩散半径大，能渗透到水泥注浆材料不能到达的缝隙。但在干燥条件下凝胶会产生不同程度的收缩而造成裂缝。

丙烯酰胺注浆材料主要用于大坝、基础等混凝土的补强和防渗堵漏。但由于其具有毒性，对环境有污染，且凝结体强度低、耐久性差、价格昂贵等缺点，已被逐步取代。

8. 聚氨酯注浆材料

聚氨酯注浆材料又称氰凝，它是由多异氰酸酯、含羟化合物、稀释剂、阻聚剂及促进剂等配制而成。常用的多异氰酸酯有甲苯二异氰酸酯（TDI）、二苯基甲烷二异氰酸酯（MDI）、多苯基甲烷多异氰酸酯（PAPI）等。含羟化物常用的是聚醚。促进剂是为了提高多异氰酸酯与羟基的反应和与水的反应，常用的促进剂有叔胺（如三乙胺、三乙醇胺等）和锡盐（如二丁基二月桂酸锡、氯化亚锡等），它们分别具有提高多异氰酸酯与水反应的活性和促进链的增长与胶凝的作用，常同时使用。稀释剂有丙酮、二甲苯、二氯乙烷等，可降低浆料的黏度和提高可灌性。阻聚剂可延缓多异氰酸酯与羟基反应，常用的有苯磺酰氯等。

聚氨酯注浆材料固化原理是异氰酸酯首先与水反应生成氨，氨与异氰酸酯加成形成不溶于水的凝胶体并同时排出二氧化碳气体，使浆液膨胀，促进浆液向四周渗透扩散，从而堵塞裂缝孔道，达到防水堵漏的目的。

聚氨酯注浆材料根据注浆制备方式不同，有单组份和双组份之分，单组份聚氨酯注浆材料是过量的异氰酸酯先与多元醇生成预聚体，再和各种助剂一同注浆，双组份聚氨酯注浆材料包括多元醇和各种助剂组成的白料和以异氰酸酯为主的黑料组成。无论是单组份还是双组份注浆材料，聚氨酯注浆材料主要有疏水型和亲水型两大类。亲水型的聚氨酯注浆材料的共同特点是使用亲水型多元醇和异氰酸酯作为主要原料，而疏水型的聚氨酯注浆材料在压力下固化后，具有很高的强度。

聚氨酯注浆材料具有浆液黏度低、结石后强度高、固化时间可调节、耐久性优良、工艺简洁、施工设备简单、安全可靠等众多优点，是目前普通建筑工程及抢修抢建工程中应用广泛的一类注浆材料，在市场上占有很高的份额。聚氨酯注浆材料广泛使用在矿井、大坝、铁路、公路、桥梁、地铁、机场、矿山、建筑等方面，尤其是在防渗、堵漏、补强、加固功能方面性能优异，特别适合于地下工程的渗漏补强和混凝土工程结构补强。

7.3　注浆材料的选择

在注浆施工时，应根据工程的具体要求、地质条件、浆液性能、注浆工艺及成本等因素综合考虑，选用一种合适的注浆材料或几种浆材配合使用，使工程达到理想的技术经济指标。

1. 水泥浆液的特点

水泥浆液具有结石体强度高和抗渗性强的特点，既可用于防渗又可用来加固，而且来源广、价格便宜、粘结力强、无毒无污染、运输储存方便且注浆工艺简单。但凝胶时间较长且难以控制，在地下水流速较大的条件下，浆液易受冲刷和稀释，影响注入效果。

为提高水泥浆的可注性，可采用各种细水泥来提高浆液的注入能力。目前粒径最细的超细水泥掺入适当的分散剂后，可注入 0.05～0.09mm 的岩石裂隙，但超细水泥的高成本影响了其应用范围。为改善水泥浆液的析水性、稳定性、流动性和凝结特性，可掺入适当的助剂进行改性。

在冲积层或岩体裂隙堵漏注浆时，往往采用水泥-水玻璃浆液，该种浆液具有水泥浆和化学浆液的特点，与纯化学浆液相比，成本低且来源广。

2. 化学浆液的特点

化学浆液即溶液浆液，浆液的黏度很低，可以注入水泥浆不能注入的细小裂隙和粉细砂层，是近年来应用越来越广的注浆材料。

1) 化学浆液的优点

（1）浆液黏度很低，有的和水差不多，可注性好。例如丙凝浆液的黏度很小，甲凝浆液的黏度比水还低。因此，凡是水能流入的细小缝隙和粉细砂层，一般化学浆液也能注入，所以能够取得较好的注浆效果。

（2）浆液的胶凝或固化时间可以按需要进行调节，并且浆液在胶凝过程中，其黏度的增长有明显的突变过程，所以对于处理集中渗流甚为有效。胶凝时间可根据岩层的孔隙率、渗透性、浆液浓度、注浆压力和要求浆液的扩散范围等因素来确定。

（3）由化学浆液所形成的胶凝体其渗透系数很低，注入裂隙中的浆液，经化学反应生成聚合体后，在高压水头下也不易被挤以来，抗渗性能强、防渗效果好。

（4）化学注浆生成的胶凝体具有较好的稳定性和耐久性，一般不受稀酸、稀碱或其他外界因素的影响，如某些微生物侵蚀等。

（5）浆液在胶凝或固化时的收缩率小。

（6）固结体的抗压和抗拉强度较高，特别是与被注体有较好的粘结强度。

（7）注浆工艺比较简单。

（8）随着现代工业的发展，特别是随着石油工业的发展，化学浆液材料的来源越来越广，浆材的价格也越来越低。

2) 化学浆液的缺点

（1）除水玻璃外，化学浆液大都不同程度地存在着一定毒性，如果使用不当，容易造成环境污染。

（2）化学材料一般都存在老化问题，尽管有些化学注浆材料在工程上应用的时间已达十几年，并未发现老化问题，但仍需要长期观察和考验。

（3）化学浆液抗压强度低、成本高、工艺要求严格。

3. 对注浆材料的要求

注浆材料品种繁多，性能各异，但理想的注浆材料应满足以下要求：

（1）浆液黏度低，流动性好，可注性好，能够进入细小缝隙和粉细砂层。

（2）浆液凝固时间可以在宽域时间内任意调节，并能人为地加以精确控制。

（3）浆液稳定性好，常温、常压下存放一定时间不改变其基本性质，不发生强烈的化学反应。

（4）浆液无毒、无臭，不污染环境，对人体无害，非易燃、易爆物品。

（5）浆液对注浆设备、管路、混凝土建筑物及橡胶制品无腐蚀性，并容易清洗。

（6）浆液固化后无收缩现象，能牢固地与岩石、混凝土及砂子粘结。

（7）浆液结石率高，结石体有一定抗压强度和抗拉强度，不龟裂，抗渗性好。

（8）结石体应具有良好的耐老化特性和耐久性，能长期耐酸、碱、盐、生物菌等的腐蚀，并且其温度、湿度特性与被注体相协调。

（9）注浆材料颗粒应有一定的细度，以满足注浆效果，但颗粒越细，注浆成本也就越高。

（10）浆液配制方便，操作简单，原材料来源丰富，价格合理，能大规模使用。

一种材料要同时满足以上要求是困难的，各种材料都或多或少地在某些方面存在一定缺点和不足，因此，在实际施工过程中，一般应根据合适的浆液配合使用，以达到预期的注浆效果。

7.4 注浆方式

注浆方式依据注浆压力和作用方式的不同可以分为静压注浆和高压喷射注浆。

1. 静压注浆

静压注浆的注浆压力较小，通常情况下注浆的压力不超过 15MPa。通常说的注浆就是指静压注浆。根据静压注浆作用的地质条件、浆液对地基土的作用机理以及浆液在土层中的运动形式和替代方式的不同，又可以分为渗透注浆、劈裂注浆、压密注浆、充填注浆及电动化学注浆等方法。

1）渗透注浆法：在不改变地层结构和颗粒排列的前提下，在注浆压力作用下，浆液克服各种阻力而渗入孔隙和裂隙，向地层深处渗透的注浆方法。压力越大，吸浆量及浆液扩散距离就越大。这种理论假定在注浆过程中地层结构不受扰动和破坏，所用的注浆压力相对较小。其主要用于砂层注浆和裂隙注浆。

2）劈裂注浆法：在低渗透性的地层或坝体注浆中，由于具有较高注浆压力，浆液克服地层的初始应力和抗拉强度，使其在地层中发生水力劈裂作用，引起岩石或土体结构的破坏和扰动，使地层中原有的孔隙或裂隙扩张，或形成新的裂缝或孔隙，从而使低透水性地层的可灌性和浆液扩散距离增大。其主要用于中细粉砂岩注浆。

3）压密注浆法：用较高的压力通过钻孔向土层中压入浓浆，使浆液在注浆压力作用下挤入地层，随着土体的压密和浆液的挤入，将在压浆点周围形成灯泡形空间，浆液呈脉状或条状胶结地层，并因浆液的挤压作用而产生辐射状上拾力，从而引起地层局部隆起，多用于耕土体注浆。许多工程利用这一原理纠正了地面建筑物的不均匀沉降。

4）充填注浆法：针对巷道、井壁、隧洞背面和建筑物下的大空洞、大裂隙和大空隙，在较低注浆压力下，将水泥浆、水泥-水玻璃浆或黏土浆等悬浮液注入其中，起到减少涌水量或加固地基的作用。因注浆压力选用低压，浆液不能进入岩土的微细裂隙，所以堵水防渗效果有限，有时为提高堵水防渗效果可使用溶液型浆液，但造价相对较高，主要用于对大裂隙、大空隙、断层、溶洞等进行充填。

5）电动化学注浆法：在施工中预先在需要加固的地层中把两个金属电极按一定的间距置于地层中，使注入压力和电渗方向一致。当通直流电后就在土中引起电渗、电泳和离子交换等作用，促使在通电区域中的含水量显著降低，从而在土内形成渗浆"通道"，使浆液随之注入地层中。若在通电的同时向土中灌注硅酸盐浆液，就能在"通道"上形成硅胶，并与土粒胶结成具有一定强度的加固体。其常用于地基处理注浆。

2. 高压喷射注浆

高压喷射注浆是通过高压射流对土体进行冲击切割并利用地基土与水泥浆液搅拌混合固化以加固土体的一种工艺。即把带有喷头的喷浆管下至地层预定位置，用从喷嘴喷出的射流（浆或水）冲击和破坏地层，在较高压力（20～70MPa）下，在土体中形成一个固结体，从而提高地基承载力，减少地基的变形，达到地基加固的目的。高压喷射注浆工艺一方面可以控制固结体的形状，另一方面可以作各个方向（水平、倾斜和垂直方向）的喷射，适用范围广。高压喷射注浆可根据喷射管类型的差异分为单管法、双管法、三管法及

抢修抢建特种材料

多管法。

3. 注浆设备及基本步骤

近年来，注浆方法发展很快，种类繁多，除上述介绍的几种典型注浆法外，注浆法从脉状注浆、渗透注浆发展到应用多种材料的复合注浆法或综合注浆法；从无向压浆到通电、抽水、压气、喷射、旋喷等多种诱导注浆法；从钻杆注浆、过滤管注浆发展到多种形式的双层管瞬凝注浆法；通过预处理以及孔内爆破等方法，大大提高了浆液的可注性，扩大了注浆的应用范围。

注浆设备是制备和输送浆液的系统，是使浆液进入地层裂隙和孔隙的动力源。为完成注浆施工而使用的注浆设备包括注浆泵、钻孔机械、混合器、搅拌机、止浆塞和配套仪器等，驱动类型有气动驱动和液压驱动。

由于自然条件的不规律性和岩土介质的多变性，注浆施工时通常不能严格按标准化进行实施作业，一般注浆工程必备的施工基本步骤主要包括：按规定的布置和深度，钻适当孔径的钻孔；准备、配料、称重和搅拌选定的注浆浆液；将准备好的浆液注入指定的钻孔段充填裂隙等。

第8章

防水材料

防水材料是建筑工程中必不可少的建筑功能材料之一。在抢修抢建工程中防水材料主要用于紧急防水堵漏工程。防水材料有传统使用的沥青防水材料，也有正在发展的改性沥青防水材料和合成高分子防水材料，防水设计由多层向单层防水发展，由单一材料向复合型多功能材料发展，施工方法也由热熔法向冷粘贴法或自粘贴法发展。防水材料主要包括防水卷材、防水涂料及密封材料等。

8.1 防水卷材

防水卷材是具有一定宽度和厚度并可卷曲的片状定型防水材料。目前防水卷材有沥青防水卷材、高聚物改性沥青防水卷材和合成高分子防水卷材三大系列。沥青防水卷材是我国传统的防水卷材，生产历史久、成本较低、应用广泛，沥青材料的低温柔性差，温度敏感性大，在大气作用下易老化，防水耐用年限较短，它属于低档防水材料。高聚物改性沥青防水卷材和合成高分子防水卷材的性能优异，是防水卷材的发展方向。

防水卷材要满足建筑防水工程的要求，必须具备耐水性、温度稳定性、大气稳定性、抗拉伸断裂性及柔韧性等多种优良特性。各类防水卷材的选用应充分考虑建（构）筑物的特点、地区环境条件、使用条件等多种因素，结合材料的特性和性能指标来选择。

1. 常用防水卷材

1）沥青防水卷材

沥青防水卷材是用原纸、纤维织物、纤维毡等胎体浸涂沥青，表面撒布粉状、粒状或片状材料而制成的。常用品种有石油沥青纸胎油毡、石油沥青玻璃布油毡、石油沥青玻纤胎油毡、石油沥青麻布胎油毡等。

按《石油沥青纸胎油毡》GB/T 326—2007 的规定：油毡按卷重和物理性能分为Ⅰ型、Ⅱ型和Ⅲ型，各型号油毡的物理性能应符合规范相应的规定。其中Ⅰ型和Ⅱ型油毡适用于简易防水、临时性建筑防水、防潮及包装等，Ⅲ型油毡用于多层建筑防水。

2）高聚物改性沥青防水卷材

高聚物改性沥青防水卷材是以合成高分子聚合物改性沥青为涂盖层，纤维织物或纤维毡为胎体，粉状、粒状、片状或薄膜材料为覆面材料制成的可卷曲片状防水材料。

在沥青中添加适量的高聚物可以改善沥青防水卷材温度稳定性差和延伸率小的不足，

具有高温不流淌、低温不脆裂、拉伸强度高、延伸率较大等优异性能，且价格适中，在我国属中低档防水卷材。按改性高聚物的种类，有弹性 SBS 改性沥青防水卷材、塑性 APP 改性沥青防水卷材、聚氯乙烯改性焦油沥青防水卷材、三元乙丙改性沥青防水卷材、再生胶改性沥青防水卷材等。按油毡使用的胎体品种又可分为玻纤胎、聚乙烯膜胎、聚酯胎、黄麻布胎、复合胎等品种。

3）合成高分子防水卷材

合成高分子防水卷材是以合成橡胶、合成树脂或它们两者的共混体为基料，加入适量的化学助剂和填充料等，经混炼、压延或挤出等工序加工而制成的可卷曲的片状防水材料。其中又可分为加筋增强型与非加筋增强型两种。

合成高分子防水卷材具有拉伸强度和抗撕裂强度高、断裂伸长率大、耐热性和低温柔性好、耐腐蚀、耐老化等一系列优异的性能，是新型高档防水卷材。常用的有再生胶防水卷材、三元乙丙橡胶防水卷材、三元丁橡胶防水卷材、聚氯乙烯防水卷材、氯化聚乙烯防水卷材、氯化聚乙烯-橡胶共混防水卷材等。

2. 防水卷材的工程应用

质量合格的防水卷材由于尺寸、厚度等方面符合规范要求，因此在防水施工中使用方便，特别适合屋面、地下室底板等大面积铺设。铺设时基层应有一定的强度，不应起壳、松动、凹凸不平，清除基层尘土及异物。施工时可采用热熔喷枪烘熔卷材粘结面，也可用冷粘法施工。搭接长度符合规范要求，对于屋面防水，使用高聚物改性沥青防水卷材时，满粘法为 80mm，空铺、点粘、条粘法为 100mm；对于地下工程卷材防水，施工工艺不同，所用材料不同，搭接长度是不同的。《地下防水工程质量验收规范》GB 50208—2011 规定两幅卷材短边和长边的搭接宽度均不应小于 100mm。采用双层做法时上下两层卷材应错开 1/3 或 1/2 幅宽，不同缝。在屋面阴阳角、天沟、雨水口、屋脊、搭接和收头节点部位，不允许存在皱折、空鼓、翘边、脱层和滑移等现象。施工完毕后及时观察检查施工质量，施工中不得穿钉鞋从事操作，注意防火安全。

8.2 防水涂料

防水涂料是一种流态或半流态物质，可用刷、喷等工艺涂布在基层表面，经溶剂或水分挥发或各组份间的化学反应，形成具有一定弹性和一定厚度的连续薄膜，使基层表面与水隔绝，起到防水、防潮作用。

防水涂料的使用应考虑建筑物的特点、环境条件和使用条件等因素，结合防水涂料特点和性能指标选择。防水涂料要满足防水工程的要求，必须具备耐热度、柔性、不透水性、延伸性等方面的优良性能。

1. 常用防水涂料

防水涂料按成膜物质的主要成分可分为沥青基防水涂料、高聚物改性沥青防水涂料和合成高分子防水涂料三类。如果按化学成分可分为无机类防水涂料和有机类防水涂料，其中水泥基渗透结晶型防水涂料就是应用十分广泛的一种无机类刚性防水涂料。

1）沥青基防水涂料

它是指以沥青为基料配制而成的水乳型或溶剂型防水涂料。这类涂料对沥青基本没有改性或改性作用不大，主要有石灰膏乳化沥青、膨润土乳化沥青和水性石棉沥青防水涂料等，主要适用于Ⅱ级防水等级的工业与民用建筑屋面、混凝土地下室和卫生间防水等。

2）高聚物改性沥青防水涂料

它是指以沥青为基料，用合成高分子聚合物进行改性，制成的水乳型或溶剂型防水涂料。这类涂料在柔韧性、抗裂性、拉伸强度、耐高低温性能、使用寿命等方面比沥青基涂料有很大改善。其品种有再生橡胶改性防水涂料、氯丁橡胶改性沥青防水涂料、SBS 橡胶改性沥青防水涂料、聚氯乙烯改性沥青防水涂料等，适用于Ⅰ、Ⅱ级防水等级的屋面、地面、混凝土地下室和卫生间等的防水工程。

3）合成高分子防水涂料

它是指以合成橡胶或合成树脂为主要成膜物质制成的单组份或多组份的防水涂料。这类涂料具有高弹性、高耐久性及优良的耐高低温性能，品种有聚氨酯防水涂料、丙烯酸酯防水涂料、环氧树脂防水涂料和有机硅防水涂料等，适用于Ⅰ、Ⅱ级防水等级的屋面、地下室、水池及卫生间等的防水工程。

4）水泥基渗透结晶型防水涂料

水泥基渗透结晶型防水涂料是由普通硅酸盐水泥、精细石英砂硅砂和多种特殊的化学物质混配而成的浅灰色粉末状材料，是一种典型的刚性防水材料。《水泥基渗透结晶型防水材料》GB 18445—2012 国家标准实施以来，其越来越多地被应用在各种防水工程，尤其是水工、隧道、地下室等防水、修补工程中。

水泥基渗透结晶型防水涂料的作用机理：水泥基渗透结晶型防水材料在有水条件下，其含有的活性化学物质通过载体向混凝土内部渗透，在混凝土中形成不溶于水的结晶体，堵塞毛细孔道，从而使混凝土致密、防水。从其作用机理可以看出，水泥基渗透结晶型防水涂料可适合于迎水面与背水面防水的处理。

水泥基渗透结晶型防水涂料的基本性能：良好的防水性能、透气作用，防水作用是永久性的，具有一定的自修复能力，可防止化学侵蚀，施工简单等。

水泥基渗透结晶型防水涂料在混凝土结构上具有良好的防水效果，混凝土必须具备足够的连通毛细孔或裂缝、湿气或水、游离氢氧化钙三个条件。随着高强混凝土的不断发展和应用，低水灰比和超细矿物掺料的使用，使得水泥基渗透结晶型防水涂料的防水效果会下降。因此，在一定条件下水泥基渗透结晶型防水涂料除具有良好的防水性能，还需满足基本必备条件，如早期的潮湿养护、混凝土基层状况及处理等。

2. 防水涂料的工程应用

防水涂料固化成膜后的防水涂膜具有良好的防水性能，特别适合于各种复杂不规则部位的防水，能形成无接缝的完整防水膜。它大多采用冷施工，不必加热熬制，涂布的防水涂料既是防水层的主体，又是胶粘剂，因而施工质量容易保证，维修也较简单。但是，防水涂料采用刷子或刮板等逐层涂刷（刮），故防水膜的厚度较难保持均匀一致。防水涂料广泛适用于工业与民用建筑的屋面防水工程、地下室防水工程和地面防潮、防渗等。

防水施工时基层要求坚固、平整、干净、无明水、无裂缝、无凹凸不平，裂缝处须用水泥砂浆或修复砂浆找平；涂膜施工完毕且实干后需进行蓄水试验对涂刷质量进行评定。

抢修抢建特种材料

8.3 防水等级及防水材料的选择

对于屋面防水工程，国家标准《屋面工程技术规范》GB 50345—2012 规定，屋面工程应根据建筑物的类别、重要程度、使用功能要求等确定防水等级，并应按照相应等级进行防水设防。屋面防水等级和设防要求要符合表 8-1 的规定。

屋面防水等级和设防要求　　　　表 8-1

防水等级	建筑类别	设防要求
Ⅰ级	重要建筑和高层建筑	两道防水设防
Ⅱ级	一般建筑	一道防水设防

防水卷材可选用合成高分子防水卷材和高聚物改性沥青防水卷材，其外观质量、品种、规格应符合国家现行有关材料标准的规定；应根据当地历年最高气温、最低气温、屋面坡度和使用条件等因素，选择耐热度、低温柔性相适应的卷材；种植隔热屋面的防水层应选择耐根穿刺防水卷材。

防水涂料的选择可选用合成高分子防水涂料、聚合物水泥防水涂料和高聚物改性沥青防水涂料，其外观质量、品种、型号应符合国家现行有关材料标准的规定；应根据当地历年最高气温、最低气温、屋面坡度和使用条件等因素，选择耐热性、低温柔性相适应的涂料。

卷材、涂膜屋面防水等级和防水做法应符合表 8-2。

卷材、涂膜屋面防水等级和防水做法　　　　表 8-2

防水等级	防水做法
Ⅰ级	卷材防水层和卷材防水层、卷材防水层和涂膜防水层、复合防水层
Ⅱ级	卷材防水层、涂膜防水层、复合防水层

每道卷材防水层最小厚度应符合表 8-3 的规定。

每道卷材防水层最小厚度（mm）　　　　表 8-3

防水等级	合成高分子防水卷材	高聚物改性沥青防水卷材		
		聚酯胎、玻纤胎、聚乙烯胎	自粘聚酯胎	自粘无胎
Ⅰ级	1.2	3.0	2.0	1.5
Ⅱ级	1.5	4.0	3.0	2.0

每道涂膜防水层最小厚度应符合表 8-4 的规定。

每道涂膜防水层最小厚度（mm）　　　　表 8-4

防水等级	合成高分子防水涂膜	聚合物水泥防水涂膜	高聚物改性沥青防水涂膜
Ⅰ级	1.5	1.5	2.0
Ⅱ级	2.0	2.0	3.0

复合防水层最小厚度应符合表 8-5 的规定。

88

复合防水层最小厚度（mm） 表 8-5

防水等级	合成高分子防水卷材＋合成高分子防水涂膜	自粘聚合物改性沥青防水卷材(无胎)＋合成高分子防水涂膜	高聚物改性沥青防水卷材＋高聚物改性沥青防水涂膜	聚乙烯丙纶卷材＋聚合物水泥防水胶结材料
Ⅰ级	1.2＋1.5	1.5＋1.5	3.0＋2.0	(0.7＋1.3)×2
Ⅱ级	1.0＋1.0	1.2＋1.0	3.0＋1.2	0.7＋1.3

第 9 章

建筑钢材在抢修抢建中的研究及应用

9.1 建筑钢材的基本性质

钢材是建筑工程中最重要的建筑材料之一，建筑钢材是指用于钢筋混凝土结构的钢筋、钢丝和用于钢结构的各种型钢、钢板，以及用于围护结构和装修工程的各种深加工钢板和复合板等。在抢修抢建工程中建筑钢材是结构加固时最主要的结构材料之一。

1. 建筑钢材的主要力学性能

建筑钢材的力学性能主要有抗拉、冷弯、冲击韧性、硬度和耐疲劳性等。

1）拉伸性能

抗拉性能是建筑钢材最重要的性能之一，反映建筑钢材拉伸性能的指标包括屈服强度（又称屈服点）、抗拉强度和伸长率。低碳钢受拉时的应力-应变曲线见图 9-1。

低碳钢受拉时的应力-应变曲线划分为四个阶段，即弹性阶段（OA）、弹塑性阶段（AB）、塑性阶段（BC）、应变强化阶段（CD），超过 D 点后试件产生颈缩和断裂。其中 A 点对应的应力为弹性极限（σ_p），C 点对应的应力为屈服极限（σ_s），D 点对应的应力为抗拉强度（σ_b）。

在建筑结构设计中，屈服强度（σ_s）是钢材强度取值的依据。抗拉强度与屈服强度之比（简称强屈比）是评价钢材可靠性的一个重要参数。强屈比越大，钢材受力超过屈服点工作时的可靠性越大，结构安全性就越高；但强屈比太大，钢材强度不能被充分利用，会造成浪费材料。

伸长率是钢材塑性的重要技术指标，伸长率越大，说明钢材的塑性越好。伸长率的测量见图 9-2，计算公式为式（9-1）。

$$\delta = \frac{l_1 - l_0}{l_0} \times 100\% \tag{9-1}$$

式中　l_0——试件的原始标距长度（mm）；

　　　l_1——试件拉断后的标距长度（mm）。

2）冷弯性能

冷弯性能是指钢材在常温下承受弯曲变形的能力。冷弯指标可用弯曲角和弯心直径来表示。弯曲角越大，弯心直径对试件厚度（或直径）比值越小，冷弯性能越好。在冷弯检测时，如果试件在弯曲处不发生裂缝、裂断或起层等现象，则冷弯性能合格，见图 9-3。

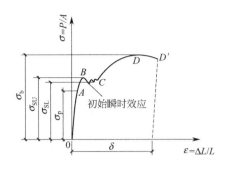

图 9-1 低碳钢受拉时的应力-应变图

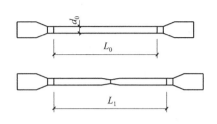

图 9-2 伸长率的测量

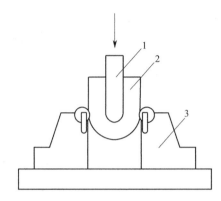

图 9-3 冷弯性能检测
1-弯心；2-试件；3-支座

3）冲击韧性

冲击韧性是钢材抵抗冲击荷载的能力。冲击韧性随温度的降低而下降，其规律是开始时下降平缓，当达到某一温度范围时，突然下降很多呈脆性，这时的温度称为脆性临界温度。脆性临界温度的数值越低，钢材的低温冲击性能越好。在负温下使用的结构，应当检验钢材在低温时的脆性临界温度是否合格。

2. 钢材的焊接

钢结构的主要连接方式是焊接连结，在工业与民用建筑的钢结构中，焊接结构占90%以上。在钢筋混凝土结构中，焊接大量应用于钢筋接头、钢筋网、钢筋骨架和预埋件之间的连接，以及装配式构件的安装。

建筑钢材的焊接方法最主要的是钢结构焊接用的电弧焊和钢筋连接用的电渣压力焊，另外还有闪光对焊、点焊、气焊、等离子焊、电子束焊、激光焊等。焊件的质量主要取决于选择正确的焊接工艺和适当的焊接材料，以及钢材本身的可焊性。

混凝土结构加固用的焊接材料中，当采用电弧焊时，焊条型号应与被焊接钢材的强度相适应，焊条的质量应符合现行国家标准的规定。

3. 钢材的选用

1）常用钢筋钢

钢筋主要用于钢筋混凝土和预应力钢筋混凝土的配筋，是土木工程中用量最大的钢材之一，主要品种包括低碳钢热轧圆盘条、钢筋混凝土用热轧带肋钢筋、冷轧带肋钢筋、预应力混凝土热处理钢筋及预应力混凝土用钢丝与钢绞线等。

低碳钢热轧圆盘条强度较低，但塑性好，伸长率高，容易焊接，用作中、小型钢筋混凝土结构的受力钢筋或箍筋，以及作为冷加工（冷拉、冷拔、冷轧）的原料。

钢筋混凝土常用的热轧光圆钢筋牌号有 HPB300，热轧带肋钢筋牌号有 HRB400、HRBF400、HRB500、HRBF500、HRB400E、HRB500E、RRB400 七种，热轧带肋钢筋具有较高的强度，塑性和可焊性也较好。钢筋表面纵肋和横肋，大大加强了钢筋与混凝土之间的握裹力，可用于钢筋混凝土结构的受力钢筋，以及预应力钢筋。

冷轧带肋钢筋采用热轧圆盘条经冷轧而成，常用的冷轧带肋钢筋牌号有 CRB550、CRB600H。冷轧带肋钢筋强度明显提高，但塑性也随之降低，强屈比小，主要用于中、小预应力混凝土结构构件和普通钢筋混凝土结构构件。

预应力混凝土用热处理钢筋是经淬火、回火调质处理的特殊钢筋，主要用于有特殊需要的工程环境中。

预应力混凝土用钢丝是采用优质碳素钢或其他性能相应的钢种，经冷加工及时效处理或热处理而制得的高强度钢丝，适用于大荷载、大跨度及需曲线配筋的预应力混凝土结构。

2）加固用钢材

在抢修加固中，为了保证在二次受力条件下，具有较高的强度利用率和较好的延性，能充分发挥被加固构件新增部分的材料潜力，混凝土结构加固用的钢筋，宜选用 HPB300 级普通钢筋；当有工程经验时，可使用 HRB400 级钢筋；也可采用 HRB500 级和 HRBF500 级的钢筋。钢筋的质量应分别符合现行国家标准，不得使用无出厂合格证、无中文标志或未经进场检验的钢筋及再生钢筋。

混凝土结构加固用的钢板、型钢、扁钢和钢管，应采用 Q235 级或 Q345 级钢材；对重要结构的焊接构件，当采用 Q235 级钢，应选用 Q235-B 级钢；钢材质量应分别符合现行国家标准《碳素结构钢》GB/T 700—2006 和《低合金高强度结构钢》GB/T 1591—2018 的规定；钢材的性能设计值应按现行国家标准《钢结构设计标准》GB 50017—2017 的规定采用；不得使用无出厂合格证、无中文标志或未经进场检验的钢材；当混凝土结构的后锚固件为植筋时，应使用热轧带肋钢筋，不得使用光圆钢筋。植筋用的钢筋，其质量应符合规范要求。

9.2 混凝土结构常用加固方法

在抢修加固中，针对混凝土结构加固一般遵循以下程序：首先对原结构可靠性和抗震性能进行鉴定，在此基础上进行加固方案选择，开展施工图设计及施工图审查相关工作，最后按照施工方案和图纸进行施工及验收。

1. 混凝土结构常用加固法

混凝土结构常用修补加固方法主要有：增大截面加固法、外粘型钢加固法、粘贴钢板加固法、置换混凝土加固法、粘贴纤维复合材料加固法、绕丝加固法、钢绞线、网片聚合物砂浆加固法、增设支点加固法、外加预应力加固法、结构体系加固法、增设拉结体系加固法以及各种裂缝修补技术等。常用的几种修补加固方法见表 9-1。

混凝土结构常用加固法　　　　　　　　　　　　　　　　表 9-1

加固方法	增大截面加固法	外粘型钢加固法	粘贴钢板加固法
基本概念	增大原构件截面面积或增配钢筋,以提高其承载力、刚度和稳定性,或改变其自振频率的一种直接加固法	对钢筋混凝土梁、柱外包型钢、扁钢焊成构架并灌注结构胶粘剂,以达到整体受力、共同工作的加固方法	采用结构胶粘剂将薄钢板粘贴于原件的混凝土表面,使之形成具有整体性的复合截面,以提高其承载力的一种直接加固法
适用范围	适用范围较广,用于梁、板、柱、墙等构件及一般构筑物的加固,特别是原截面显著偏小及轴压比明显偏高构件加固	适用于梁、柱、桁架、墙及框架节点加固	适用于钢筋混凝土受弯、斜截面受剪、受拉及大偏心受压构件的加固,构件截面内存在拉压变化时慎用
优点	有长期的使用经验,施工简单,适应性强	受力可靠,能显著改善结构性能,对使用空间影响小	施工简便快速,原构件自重增加小,不改变结构外形,不影响建筑使用空间
缺点	湿作业,施工期长,构件尺寸的增大可能影响使用功能和其他构件的受力性能	施工要求较高,外露钢件应进行防火、防腐处理	有机胶的耐久性和耐火性问题,钢板需进行防腐、防火处理

2. 混凝土结构修补加固中钢材使用要点

1) 遵循安全可靠、经济合理的原则

在实际工程中,加固方法的选择应根据鉴定结论中需加固的结构构件在强度(承载力)、刚度、裂缝宽度和耐久性等方面的不足,并结合各种加固方法的适用范围和优缺点以及施工的可行性进行选择,遵循安全可靠、经济合理的原则。

例如对于裂缝宽度过大而承载力满足的构件,采用增加配筋的加固方法是不可取的,有效的加固方法是采用外加预应力加固。对于构件的抗弯刚度不足、挠度过大,可选择增设支点加固法,或增大截面加固法。对于构件承载力不足,且已接近超筋时,不能采用在受拉区增加钢筋的方法,如果在受拉区增加钢筋会导致超筋现象。总之,混凝土结构及构件的加固不能违反现行结构设计规范中的相关规定。

2) 重视局部变动带来的整体效应

确定加固方法时,还应考虑由于局部变刚带来的整体效应。例如,避免因局部加固导致结构整体的刚度中心和质量中心偏离严重,或破坏了原结构强柱弱梁、强剪弱弯、强节点强锚固的抗震设计原则。在任何类型的工程结构加固中,所选用加固材料必须与原结构能够匹配,如加固用的混凝土应比原结构、原构件所用混凝土强度等级提高一级。

选择修补加固材料时要全面研究分析材料的强度、弹性模量、泊松比、热膨胀系数、结合面粘结力、早期养护收缩、长期蠕变和收缩性能等各方面性能指标。对于混凝土材料而言,要求粘结力强、收缩性小、微膨胀等;对于胶粘剂和注浆材料,要求粘结强度高、耐老化、无收缩、无毒等。对于混凝土结构加固设计中的钢筋选用主要考虑以下几个方面:

(1) 钢材在二次受力条件下,具有较高的强度利用率和较好的延性,能较充分地发挥被加固构件新增部分的材料潜力。

（2）钢材应具有良好的可焊性，在钢筋、钢板和型钢之间焊接的可靠性能够得到保证。

（3）高强钢材仅推荐用于预应力加固及锚栓连接。由于新加部分的应力、应变始终滞后于原构件中累积应力、应变，当构件达到极限状态时，新加部分可能达不到其自身的极限状态，即其能力得不到充分发挥。

为了解决这个问题，在结构加固时可采取卸荷、预应力加固方法（属于主动加固）等措施，加固用的钢筋，应选用比例极限变形较小的低强度等级钢筋。在加固设计时，采用低强度等级的钢筋作为加固材料，可以提高其强度利用系数。但是，鉴于我国政策的调整，要求推广使用 400MPa、500MPa 级高强热轧带肋钢筋作为纵向受力主导钢筋；用 300MPa 级光圆钢筋取代 235MPa 级光圆钢筋。因此，在条件许可的情况下，多卸除原结构、构件上的活荷载，以保证新加钢筋能有效地参与工作。

（4）植筋所采用的钢筋应为热轧带肋钢筋，不得采用光圆钢筋。除此之外，承重结构植筋的锚固深度必须经设计计算确定，严禁按短期抗拔试验值或厂商技术手册的推荐值采用。

9.3 常用混凝土结构加固方法介绍

1. 增大截面加固法

1）基本概念

增大截面加固法，是比较传统的一种建筑加固方法，通过增大原结构构件的截面尺寸并增配计算所需的钢筋与原结构共同受力，以提高其承载力和刚度，满足正常使用。通过增大构件的截面与配筋，用于提高构件的强度、刚度、稳定性和抗裂性，也可用来修补裂缝等，对于受压构件还可降低其长细比和轴压比。轴心受压构件增大截面加固法如图 9-4 所示。由于它具有工艺简单、实用性强、施工经验丰富、受力可靠、加固费用经济等优点，很容易为人们所接受，近年来该方法已被广泛地应用到工程实际中。

采用增大截面加固法对混凝土结构进行加固时，应采取措施卸除或大部分卸除作用在结构上的活荷载。

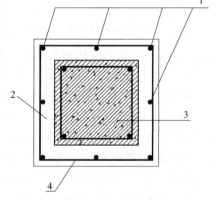

图 9-4　轴心受压构件增大截面加固法
1-新增纵向受力钢筋；2-新增截面；
3-原柱截面；4-新加箍筋

2）适用范围

该方法适用于混凝土受弯、受压构件，如混凝土梁、板、柱、墙和基础等构件的加固，特别是原截面尺寸显著偏心及轴压比明显偏高的构件加固。增大截面法加固受弯构件可分为正截面加固和斜截面加固两种情况。对于正截面加固，根据结构构造和受力情况，可选择在受压区或受拉区增设现浇钢筋混凝土层。钢筋混凝土柱的加固方法有四周外包、单面加厚、双面加厚与三面加厚几种形式，可根据加固设计方案进行选择。

例如，普通箍筋轴心受压混凝土柱常常采用四面加大截面法，偏心受压混凝土柱如果受压边较为薄弱时，可以仅仅对受压边进行加固，即单面加大截面法，受拉边薄弱时可以只对受拉边加固。而梁、板等混凝土受弯构件，如果是以增大截面为主的加固施工，可以对受压区域加固，也可以以增加配筋为主加固受拉区，或者两者同时进行。另外为了保证补加钢筋混凝土和原混凝土的正常协同工作，应按照要求设置构造钢筋。如果是以增大钢筋面积为主的加固，为了保证新加钢筋的正常协同工作，需采取一定的构造措施，设置钢筋保护层保护钢筋的密实性，并需要适当的增加截面。

增大截面加固法，适用性强，施工工艺简单，技术成熟，便于操作，受力可靠，可以很大程度地提高结构或构件的承载力，费用低；不仅提高被加固构件的承载能力，而且还可以加大其截面刚度，改变其自振频率，提高构件抗力及刚度的幅度大，尤其对柱的稳定性提高较大，广泛应用于加固混凝土结构中的梁、板、柱等。

但是，增大截面加固法现场湿作业工作量大，养护时间长，对生产和生活有一定的影响。加大构件截面后，其质量和刚度将发生变化，结构的固有频率也随之改变，很有可能进入到地震或风振的频率范围中而产生共振现象。如果加固设计中未能从整体结构角度上分析，仅仅为局部加大而加大，这样会造成整体结构其他部分形成薄弱层而发生重大破坏，对原有结构的外形以及房屋使用空间上有一定的影响。在混凝土养护期间需限制荷载，且加固后结构自重增大、建筑使用空间减小。

3）施工要求和施工步骤

增大截面加固法的施工应和实际的施工条件相适应，不能脱离实际盲目施工，并应该采取一定措施保证新旧混凝土结构部分的粘结质量，提高被整体加固构件的工作性能。对于高湿、高温、腐蚀冻融等特殊环境，应在设计和施工中采取明确有效的措施进行防治，并按照标准施工工法进行施工。同时在施工中应该注意避免不必要的更改和拆换，引起不必要的经济成本。

增大截面加固法的一般施工步骤为：首先进行混凝土表面凿毛，清理混凝土浮块、碎渣、粉末后，用压力水冲洗干净；在此基础上，采用种植或焊接的方式新增钢筋（新增钢筋包括纵筋或箍筋），并应保证连接的可靠性；新增钢筋施工完毕后，按照要求支设构件模板，并进行隐蔽工程检查；隐蔽工程检查合格后，浇适量的水润湿混凝土表面，为了加强新、旧混凝土的整体结合，在浇筑混凝土前，在原有混凝土结合面上先涂刷一层高粘结性能的界面结合剂，之后进行混凝土的浇筑、养护；等混凝土达到龄期要求之后进行拆模，以及混凝土外表面粉刷并进行保护。

4）构造要求

采用增大截面加固法时，新增截面部分可采用现浇混凝土、自密实混凝土、喷射混凝土浇筑，或掺有细石混凝土的水泥基注浆材料浇筑而成。需要注意的是，对注浆材料的应用，应有可靠的工程经验，因为这种材料的性能更接近砂浆，如果配置不当，容易造成新增面层产生裂缝。

采用增大截面加固法时，考虑到界面处理对新增截面加固法能否确保新旧混凝土共同工作十分重要，应由设计单位对所采用的界面处理方法和处理质量提出要求。一般情况下，对梁、柱构件，在原混凝土表面凿毛的基础上，只要再涂布界面胶即可满足要求；而对墙、板构件则还需要增设剪切销钉。

增大截面加固法是一种传统的加固方法，有着长期的应用经验。其中，新增混凝土层的最小厚度，板不应小于40mm；梁、柱采用现浇混凝土、自密实混凝土或注浆料施工时，不应小于60mm，采用喷射混凝土施工时，不应小于50mm。加固用的钢筋，应采用热轧钢筋。板的受力钢筋直径不应小于 8mm；梁的受力钢筋直径不应小于 12mm；柱的受力钢筋直径不应小于 14mm；加锚式箍筋直径不应小于 8mm；U 形箍筋直径应与原箍筋直径相同；分布筋直径不应小于 6mm。新增受力钢筋与原受力钢筋的净间距不应小于 25mm，并应采取短筋或箍筋与原钢筋焊接，并应满足相关结构构造要求。梁的新增纵向受力钢筋，其两端应可靠锚固；柱的新增纵向受力钢筋的下端应伸入基础并应满足锚固要求；上端应穿过楼板与上层柱脚连接或在屋面板处封顶锚固。除此之外，采用增大截面法在提高混凝土构件的承载能力时，应考虑到结构构件加固后其抗侧刚度和质量的增加对结构刚度的影响。若加固构件的数量较多势必会增加结构的地震效应，这需要在制定结构加固方案和计算加固结构时谨慎考虑。

增大截面加固法按照现行的国家标准《混凝土结构加固设计规范》GB 50367—2013 执行。

2. 外粘型钢加固法

1）基本概念

外粘型钢是将型钢与原构件间采用改性环氧树脂灌注胶粘结，使两者能粘结成整体并共同受力工作的加固方法，该方法适用于需要大幅度提高截面承载力和抗震能力的钢筋混凝土梁、柱构件的加固。所用型钢可采用角钢、工字钢或组合型钢等。

采用外粘型钢加固法对混凝土结构进行加固时，应采取措施卸除或大部分卸除作用在结构上的活荷载。

2）常用做法

最常见的做法是在方形或矩形柱的四角粘贴角钢，并在横向用钢缀板施加约束，如图 9-5 所示。外粘型钢加固法对构件尺度增加有限，对使用空间影响小，受力可靠，能显著改善原结构承载能力和抗震能力，对构件承载能力的提高幅度没有上限控制。但是，施工要求较高，需要熟练的专业人员施工，外露钢构件应进行防火、防锈、防腐等处理。

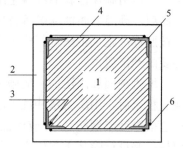

图 9-5　外粘型钢加固柱示意图
1-原柱；2-防护层；3-注胶；4-缀板；
5-角钢；6-缀板与角焊缝

外粘型钢加固法与增大截面加固法等其他混凝土结构加固法相比，具有下列明显的优点：结构构件截面尺寸增加少，能大幅度提高原构件承载力和延性，施工简单工期短，抗震能力好等。

3）施工要求和施工步骤

外粘型钢加固技术，通常采用角钢或钢板外包在原构件表面、四角或两侧，并在混凝土构件表面与外包钢缝隙间灌注高强水泥砂浆或环氧树脂浆料，同时利用横向缀板或套箍作为连接件，以提高加固后构件的整体受力性能。

外粘型钢加固法的一般施工步骤为：首先应去除原混凝土构件的抹灰层，并对混凝土面层打磨成半径 $r \geqslant 7$mm 的圆角；之后进行角钢与钢缀板结合面的打磨，磨去表面氧化薄层；在此基础上对角钢与混凝土结合面清洗；紧接着将角钢就位并与混凝土构件做好固定，按照设计好的位置将钢缀板可靠焊接在角钢上；之后用环氧砂浆封闭角钢边与构件面连接缝，封闭时确保其密封性；随后在混凝土结合面和角钢之间埋设灌浆嘴，并灌注环氧浆液；灌注完成后进行表面防护。

4）构造要求

采用外粘型钢加固法时，应优先选用角钢；所选用角钢的厚度不应小于5mm；角钢的边长，对梁和桁架，不应小于50mm，对柱不应小于75mm。沿梁、柱轴线方向应每隔一定距离用扁钢制作的箍板或缀板与角钢焊接。箍板或缀板截面不应小于40mm×4mm，其间距不应大于$20r$（r为单根角钢截面的最小回转半径），且不应大于500mm；在节点区，其间距应适当加密。外粘型钢的两端应有可靠的连接和锚固。对柱的加固，角钢下端应锚固于基础；中间应穿过各层楼板，上端应伸至加固层的上一层楼板底或屋面板底；当相邻两层柱的尺寸不同时，可将上下柱外粘型钢板交汇于楼面，并利用其内外间隔嵌入厚度不小于10mm的钢板焊成水平钢框，与上下柱角钢及上柱钢箍相互焊接固定。对梁的加固，梁角钢（或钢板）应与柱角钢相互焊接；必要时，可加焊扁钢带或钢筋条，使柱两侧相互连接。对桁架的加固，角钢应伸过该杆件两端的节点，或设置节点板将角钢焊在节点板上。

外粘型钢加固梁、柱时，应将原构件截面的棱角打磨成半径$r \geqslant 7$mm的圆角。外粘型钢的注胶应在型钢构架焊接完成后进行。外粘型钢的胶缝厚度宜控制在3～5mm，局部允许有长度不大于300mm、厚度不大于8mm的胶缝，但不得出现在角钢端部600mm范围内。此外，型钢表面（包括混凝土表面）应抹厚度不小于25mm的高强度等级水泥砂浆（应加钢丝网防裂）作防护层，也可采用其他具有防腐蚀和防火性能的饰面材料加以保护。但若型钢表面积较大，很可能难以保证抹灰质量，此时，可在构件表面先加设钢丝网或点一层豆石，然后再抹灰，便不会脱落或开裂。

上述采用结构胶粘剂粘合原混凝土构件与型钢构架的外粘型钢加固法，也称为湿式外包钢加固法，其属于复合构件范畴。当不采用结构胶粘剂，或仅用水泥砂浆堵塞混凝土与外包型钢之间缝隙时，称为无粘结外包型钢加固法，也称为干式外包钢加固法。干式外包钢加固法，由于型钢与原构件之间无有效的粘结，因而其所受的外力，只能按原混凝土柱和型钢的各自刚度进行分配，而不能视为复合构件受力，以致很费钢材，加固效果不如湿式外包钢加固法。近几年来，不少新建工程因质量问题达不到要求不得不加固。为了做到不致因加固后而影响其设计使用年限，往往选择使用干式外包钢加固法（不采用有机结构胶粘剂），从而使已淘汰多年的干式外包钢加固法，又有了市场。

外粘型钢加固法按照现行的国家标准《混凝土结构加固设计规范》GB 50367—2013执行。

3. 粘贴钢板加固法

1）基本概念

粘贴钢板加固法是采用具有良好性能的结构胶粘剂（环氧类胶粘剂），将薄钢板牢固粘贴于混凝土构件的表面，使钢板与混凝土形成统一的整体，并能有效地传递应力，形成具有整体性的复合截面，以提高其承载力和刚度的一种直接加固方法。该方法适用于钢筋混凝土受弯、斜截面受剪、受拉及大偏心受压构件的加固。

最早将钢板直接在混凝土表面进行补强加固是南非土木建筑工程学院建筑结构教授Fleming和King，1967年他们进行了素混凝土梁外粘钢板代替钢筋的试验，开创了粘钢补强加固的先河。在一些试验研究基础上，1983年英国塞菲尔大学成功地用粘钢加固技术加固了一座公路桥，使原来限载量110t的桥通过了500t的载重卡车。我国第一个采用粘钢加固的工程是于1978年完成的辽阳化纤总厂变电所大楼的承载梁,收到了良好的效果,开创了我国粘钢加固的先例。

采用粘贴钢板加固法对混凝土结构进行加固时,应采取措施卸除或大部分卸除作用在结构上的活荷载。

2）适用范围

应将钢板受力方式设计成仅承受轴向应力作用,构件截面内力存在拉压变化时慎用。处于特殊环境(如高温、高湿、介质侵蚀、放射等)的混凝土结构采用此法时应采取相应的防护措施和耐环境因素作用的胶粘剂。长期使用的环境温度不应高于60℃。粘贴钢板加固法具有施工简便快捷,原构件自重增加小,不改变结构外形,不影响建筑使用空间等优点。但是存在有机胶的耐火性和耐久性问题。粘贴钢板用的胶粘剂一般是可燃的,当被加固构件的表面有防火要求时,应按现行的国家标准《建筑设计防火规范》GB 50016—2014(2018年版)规定的耐火等级及耐火极限要求,对胶粘剂和钢板进行防护。此外,粘贴钢板加固不适用于素混凝土构件,以及纵向受力钢筋的配筋率低于现行国家标准《混凝土结构设计规范》GB 50010—2010(2015年版)规定的最小配筋率的构件的加固,目的是防止结构加固部分意外失效(如人为破坏或火灾等)。英、美等国有关结构加固设计的规程和指南要求使用胶粘剂或其他聚合物加固方法时,其原结构、构件必须具有一定的承载能力,以便在加固部分意外失效时能继续承受永久荷载和少量可变荷载的作用,从而为救援争取时间。此外,被加固的混凝土结构构件,其现场实测混凝土强度等级不得低于C15,且混凝土表面的正拉粘结强度不得低于1.5MPa。如果原结构混凝土强度过低,它与钢板的粘结强度必然也很低,此时,极易发生呈脆性的剥离破坏。

3）施工要求和施工步骤

粘贴钢板加固法适用于钢筋混凝土结构,不适用于素混凝土构件以及纵向受力钢筋一侧配筋率小于0.2%的构件的加固。使用环境温度不应超过5~60℃,相对湿度不应大于70%,否则应采取有效的防护措施。采用粘贴钢板对钢筋混凝土结构进行加固时,应采取措施卸除或大部分卸除作用在结构上的活荷载。

粘贴钢板加固法的一般施工步骤为:首先应去除原混凝土构件的抹灰层露出结构层,将钢板表面打磨,磨去表面氧化薄层;按照相关要求配置胶粘剂,按设计要求在相应的位置粘贴钢板,并将钢板进行有效固定和支撑,如对梁设置U形钢箍板,对板设置横向压条;待胶粘剂固化后进行卸除支撑检验;检验合格后,对钢板表面进行防锈蚀处理,当被加固构件的表面有防火要求时,应按现行国家标准《建筑设计防火规范》GB 50016—2014(2018年版)规定的耐火等级及耐火极限要求,对胶粘剂和钢板进行防护。

4）构造要求

粘钢加固的钢板宽度不宜大于100mm。采用手工涂胶粘贴的钢板厚度不应大于5mm,采用压力注胶粘贴的钢板厚度不应大于10mm,且应按外粘型钢加固法的焊接节点构造进行设计。对钢筋混凝土受弯构件进行正截面加固时,其受拉面沿构件轴向连续粘贴的加固钢板宜延长至支座边缘,且应在钢板的端部(包括截断处)及集中荷载作用点的两侧,设置U形钢箍板(对梁)或横向钢压条(对板)进行锚固。对粘贴的钢板延伸至支座边缘仍不能满足安全性要求时,应采取相应的U形箍和钢压条锚固措施。当采用钢板对受弯构件负弯矩区进行正截面承载力加固时,如果被加固梁顶面无障碍时,则钢板可以直接粘贴在加固梁的顶面；如果有障碍时，但梁上有现浇板，则可以将钢板绕过柱位，在梁侧 4 倍板厚范围的翼缘板上粘贴。

用粘贴钢板加固法加固的构件及相应部位在以后的使用过程中应注意的几点：不得用锐器重击粘贴表面，不得对结构进行破坏性扰动；严禁在粘贴部位施焊或高温作业，以免胶层碳化而失效。

粘钢板加固法按照现行的国家标准《混凝土结构加固设计规范》GB 50367—2013 执行。

9.4　植筋技术

作为结构工程学科的一个分支，后锚固技术（包括植筋和锚栓）是实施结构加固的重要技术手段之一。植筋，又称为种筋，是在原有的混凝土基础上打孔，然后在孔中加入植筋胶和钢筋，利用植筋胶锁键握紧力的作用将钢筋锚固到混凝土中的一种连接技术。

最初的植筋技术，是在膨胀螺栓的基础上发展起来，它克服了动载作用下膨胀螺栓容易松动的缺点，因此在矿山相关工程中得到了应用。如今植筋技术已经逐步发展并趋向成熟，在新建结构以及结构改造加固中，都能起到很大的作用。

在结构加固的运用上，植入的钢筋能够与混凝土表面形成良好的粘结以保证锚固强度。采用植筋技术无需对混凝土结构进行开凿挖洞，能够有效地减轻原结构的损伤，也能明显地减少加固的工程量。

植筋技术只能用于钢筋混凝土结构、构件，而不能用于素混凝土构件。这是因为这项技术主要用于连接原构件与新增构件，只有当原构件混凝土具有正常的配筋率和足够的箍筋时，这种连接才是最有效可靠的。同时，为了确保这种连接的承载安全性，还必须按充分利用钢筋强度和延性的破坏模式进行计算。这对于素混凝土并非在任何情况下都能满足。

植筋技术具有安全、质量可靠、施工简单快捷、锚固效果美观等突出优点，不仅适用于原有旧混凝土工程的升级加固和新旧混凝土结构连接，而且在新建混凝土结构中同样深受业界的喜爱。植筋方法有效地解决了钢筋填埋过程中的偏移、连接不牢等问题，在混凝土补筋与建筑加固等工程施工中逐渐普及和广泛应用。由于植筋工艺简单、适应性强、节省工期等优点，在我国近几年的工程建筑施工上逐渐推广应用，其在加固工程中也得到了广泛应用。

1. 植筋技术的特点

在建筑工程中，应用结构胶等胶粘剂对各类新旧建筑构件进行连接、补强、维修、加固，植筋技术较传统的方法有以下诸多优点：①结构胶能将不同性质的材料牢固地粘结在一起，这是胶结法所特有的优点，是传统的连接方法无法比拟的。②结构胶的粘结强度高，固化后本身的强度大大超过混凝土，良好的耐水性和耐介质性能，能满足各种使用要求。③由于杆件通过化学粘合固定，不但对基材不会产生膨胀破坏，而且对结构有补强作用，适宜边距、间距小的部位，施工简便、安全、迅速，是建筑工程中钢筋混凝土结构变更、加固的有效方法。④胶粘加固的构件，不仅比其他材料加固的构件在连接处受力要均匀，而且耐疲劳、抗裂、整体性好。⑤用结构胶粘剂连接、补强、加固构件的工艺简单、操作方便、效率高、工期短、成本低、效果好。⑥结构胶固化时间短，最快的在夏季高温环境中仅 20～50min 即可进入下一工序，甚至可以投入使用。

2. 植筋原理

对混凝土构件进行植筋，是在旧混凝土中钻孔，孔径 $D = d + (4 \sim 8)$，d 为植筋直径。钢筋植入锚固长度应根据现行国家标准《混凝土结构加固设计规范》GB 50367—2013 经计算确定。钻孔之后进行清孔，将孔内杂物清除，之后在孔内灌注植筋胶，植筋胶的抗剪强度应符合上述规范的相关规定。注胶完成后，将钢筋插入孔内，待植筋胶固化后与钢筋和混凝土界面产生足够的粘结力，使钢筋牢固地与混凝土构件有效连接在一起，如图 9-6 所示。

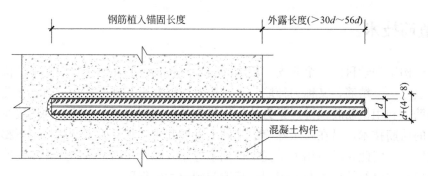

图 9-6　植筋原理示意图

在植筋施工中，产生主要作用的是植筋胶，将植筋胶灌入孔内后，其在钢筋的锁键握紧力作用下，固化后能够产生高强度的粘结咬合力，最终将钢筋与混凝土有效地锚固连接在一起。因此，国家标准《混凝土结构加固设计规范》GB 50367—2013 对植筋胶做出了强制规定。

3. 施工步骤

在进行植筋施工时，首先需按照设计要求在原混凝土构件上指定位置进行钻孔、清孔，之后再对钢筋表面进行处理、注胶施工、插筋、养护等，最终完成植筋施工。

1）定位/放线

植筋施工前应首先按照设计要求，在原混凝土构件上将植筋位置进行定位，确定预增加构件尺寸，确保钢筋保护层厚度满足设计要求和规范要求。定位施工时，还应考虑预钻孔部位内部是否存在钢筋等（宜植在箍筋内侧），避免钻孔施工时对钢筋造成破坏，且降低施工效率。

2）钻孔

在进行钻孔施工时，由于钻孔位置不定，施工人员应确保自身安全的前提下进行钻孔施工（图 9-7）。成孔时，应严格按照设计要求和《混凝土结构加固设计规范》GB 50367—2013 中的相关要求和规定执行，钻孔深度应满足规范要求，避免后期出现锚固力不足的现象，从而影响植筋的效果，不能满足设计要求。

3）清孔

清孔施工是植筋施工中的关键阶段之一，若清孔时未将孔内残渣（灰粉、灰渣等）清除干净，则灌入植筋胶后粘结强度不能达到设计要求，直接影响植筋效果。因此在进行清孔施工时，用毛刷伸至孔底，来回反复抽捣，把灰尘、碎渣带出来；若条件允许，应使用高压水枪将孔内混凝土残渣等清除干净，之后再使用压缩空气将孔内残渣和水分吹干。

图 9-7　钻孔

　　清孔完成后若立即进行灌胶施工则直接将植筋胶灌入孔内，若不立即进行灌胶施工，可使用海绵等膨胀物将孔洞封堵，避免尘土或其他杂物进入孔内而影响植筋强度。

　　4）钢筋除锈去污

　　在清孔施工同时即开始对钢筋表面进行清理，尤其是钢筋锚固端，应使用钢丝球或砂纸等将钢筋表面的油污和其他杂质清理干净，最后使用化学溶剂将钢筋表面进行擦拭，露出钢筋材质自身颜色，处理完成后将钢筋立即插入孔内进行施工，避免钢筋锚固端受到二次污染。

　　5）注胶

　　注胶时，应从孔底向孔口注入，这种注胶方法可有效地将孔内气体排出孔外，避免胶液与空气融合而影响注胶质量（图 9-8）。注胶量应达到孔深的 80% 左右，避免插入钢筋时胶液因太满而乱溢或因太少不能达到设计锚固力。

　　6）插筋

　　注胶施工完成后应将钢筋立即插入孔内。插筋时应按照单向旋转将钢筋以旋转式插入孔内，直至插入孔底（图 9-9）。插筋施工时，应确保钢筋与混凝土面保持垂直的方向，且应使钢筋尽量处于孔内中心位置。若插入钢筋后孔内胶液并未完全灌满孔，应使用注射器将不足之处弥补，确保达到设计锚固力。在植筋胶完全固化前不能振动钢筋，也不能承重或进行焊接。

　　7）养护

　　插筋施工完成后，应对植筋部位进行养护，确保在植筋胶固化阶段不受外界影响，若条件具备，施工单位应安排专人对植筋部位进行看护，避免他人误碰钢筋而对钢筋造成扰动；若条件不具备，施工单位也应在植筋部位设置醒目标识或其他警告措施。确保植筋胶达到有效的固化强度后，方可进行下一步施工。若有较大的扰动必须重新植筋。

图 9-8　注胶

图 9-9　插筋

4. 钢筋的拉拔试验

植筋抗拔力现场检验分为非破损检验和破坏性检验。重要结构构件、悬挑结构、对该工程锚固质量有怀疑、仲裁性试验均要采用破坏性试验，对于一般构件可以采用非破坏性试验进行检测。在做破坏性试验时，允许在加固结构附近，找同强度等级的混凝土作为基材进行植筋，然后进行代替试验。

植筋现场检验抽样时，应以同品种、同规格、同强度等级的锚固件安装于锚固部位基本相同的同类构件为一检验批，并应从每一检验批所含的锚固件中进行抽样。现场破坏性检验的抽样，应选择易修复和易补种的位置，取每一检验批植筋总数的千分之一，且不少于 5 件进行检验，植筋数量不足 100 件时，可仅取 3 件进行检验。现场非破损检验抽样时，对于重要构件抽样时，应按其检验批植筋总数的 3%，且不少于 5 件进行随机抽样；对于一般构件，应按 1% 且不少于 3 件进行随机抽样。现场拉拔建议在植筋后的第七天进行。

5. 构造要求

植筋按照现行行业标准《混凝土结构后锚固技术规程》JGJ 145—2013 和国家标准《混凝土结构加固设计规范》GB 50367—2013 执行。

采用植筋技术，其锚固部位的原构件混凝土不得有局部缺陷。若有局部缺陷，应先进行补强或加固处理后再植筋。植筋时，其钢筋应先焊后种植；当有困难而必须后焊时，其焊点距基材混凝土表面应大于 $15d$（d 为植筋直径），且应采用冰水浸渍的湿毛巾多层包裹植筋外露部分的根部。

采用植筋技术，原构件的混凝土强度等级不得低于 C20。

第 10 章

新型抢修抢建材料研究及应用实例

10.1 快硬抢修自密实混凝土的研究与应用

目前，在工程中使用较多的修补材料多为快速抢修砂浆或含有聚合物（环氧树脂、丁苯乳液等）的快速修补材料。快速抢修砂浆在使用过程中存在易收缩、耐久性不良等问题；而应用广泛的聚合物快速修补材料常常因为聚合物本身易老化、与混凝土材料弹性模量不匹配、粘结能力降低，导致材料整体韧性损失严重，造成了抢修后使用一段时间后又出现类似破损问题。

在混凝土结构抢修过程中，如果存在施工空间有限、不易振捣等因素，这时利用快硬抢修自密实混凝土是解决此类问题的一种全新途径。目前国内外在高强、大体积、补偿收缩等混凝土工程中广泛使用自密实混凝土，但对快硬抢修自密实混凝土的研究和应用较少。

配制快硬抢修自密实混凝土的第一种技术途径，可将自密实混凝土技术和快硬硫铝酸盐水泥混凝土技术相结合，通过使用快硬硫铝酸盐水泥和混凝土外加剂配制出一种超早强自密实混凝土。根据相关资料，这种混凝土坍落度约为 260mm，常温下 1h 抗压强度可达到 30MPa 以上，特别适用于机场、铁路、公路和桥梁等抢修、抢建及冬期施工工程。该混凝土在北京西直门立交桥抢修工程中得到应用，效果良好。

配制快硬抢修自密实混凝土的第二种技术途径，可在普通硅酸盐水泥的基础上，在混凝土中掺入不同组合的外加剂，通过对早强组份、促凝组份、增韧组份和减水组份等进行优化设计，可获得一种快硬自密实混凝土材料。根据相关资料，这种快硬抢修自密实混凝土具有 15min 自密实填充性，30min 初凝，2h 抗压强度大于 20MPa、抗弯拉强度大于 4.5MPa，28d 抗压强度大于 50MPa，体积稳定性好，无开裂收缩，耐久性良好等特性。该快硬抢修自密实混凝土材料已成功应用于桥梁伸缩缝抢修工程，且施工方便、快捷，可以在保证快速开放交通、排除桥梁存在安全隐患的前提下完成抢修作业，取得了良好的社会经济效益。

配制快硬抢修自密实混凝土的第三种技术途径，可采用普通水泥和快硬早强型特种水泥（如快硬硫铝酸盐水泥、快硬铝酸盐水泥等）进行复合，掺加粉煤灰和高效减水剂进行配制。快硬早强型特种水泥凝结硬化快，初终凝时间间隔短，使混凝土早期强度发展迅速，强度高，后期强度不倒缩。这种快硬抢修自密实混凝土在 3～5min 内初凝，8～

10min 内终凝，有较高的早期强度，能够满足抢修要求，现场应用效果较好。在实际应用过程中可以根据实际情况调整快硬特种水泥和普通水泥的比例，满足不同的要求，同时，施工过程中，由于水泥凝结硬化快，混凝土搅拌完毕后要迅速摊铺、整平和做面，快硬水泥水化热大，混凝土初凝后要及时养护，防止出现裂缝，保证抢修质量。这种快硬抢修自密实混凝土在空军某机场道面的抢修中得到应用，混凝土加水拌合后 4h 即可达到某新型战机起飞最低强度要求，满足机场道面、公路路面抢修技术要求，同时，后期强度继续增长，满足道面使用的长龄期要求，具有重要的军事、经济意义。

10.2　超早强抢修钢纤维混凝土的研究与应用

钢纤维混凝土同普通混凝土相比，抗疲劳，耐冲击、阻裂性好，耐磨损等得到了改善，因此广泛应用于道路、桥梁、隧道、机场、水利等工程，随着技术的发展，钢纤维混凝土在越来越多的工程中扮演着重要的角色。

由于快硬硫铝酸盐水泥具有快凝、快硬、微膨胀或不收缩的特点，因此对于超早强抢修钢纤维混凝土的研究和应用主要是围绕这种快硬特种水泥开展的。

根据相关资料，某机场道面混凝土的抢修采用了快硬硫铝酸盐水泥配制钢纤维混凝土，在满足流动度情况下，在钢纤维掺量为 1.2% 时，混凝土 4h 的抗压强度即可达到 26.9MPa，抗折强度可达到 4.6MPa，24h 抗压强度即可达 41.4MPa，抗折强度即可达到 5.75MPa，大大缩短了施工周期，提前开放交通。

根据相关资料，北京三环苏州桥抢修工程施工周期短，无法断路施工，在保证工程质量的前提下，要顺利完成工程，任务艰巨。经多方专家考证，最终决定采用超早强抢修钢纤维混凝土。采用 42.5 级快硬硫铝酸盐水泥，掺入 1.5% 的钢纤维，同时掺入其他外加剂（调凝剂等）进行优化配制，这种超早强抢修钢纤维混凝土施工时间 30min，初始坍落度 120mm，常温 2h 抗压强度 25MPa 以上，满足了工程各方面需要。

另外，钢纤维喷射混凝土在抢修加固工程中应用广泛。钢纤维的掺入增强了混凝土的握裹力和锚固力，大大提高了混凝土的抗裂性、延性、韧性及抗冲击能力。同时，钢纤维代替钢筋网或钢筋的作用，与混凝土面或岩面良好结合，施工速度快，施工安全性高。在钢纤维喷射混凝土的配制中，通常选用优质短切纤维、普通硅酸盐水泥、骨料、速凝剂、减水剂及硅粉等矿物掺合料，同时需要考虑喷射混凝土对喷射面的附着性、钢纤维混凝土的回弹率、喷射厚度及可泵性等施工方面的问题，进行配合比优化设计。速凝剂优先选用与水泥相溶性好的液体速凝剂，初凝时间一般不得超过 5min，终凝时间不应超过 10min，经过配比试验确定最佳砂率、水灰比、钢纤维掺量等。钢纤维喷射混凝土广泛应用于隧洞支护、滑坡支护、地下室防渗等工程的施工及抢修加固工程中。

10.3　复合胶凝快速修补砂浆研究与应用

针对修补材料的快速施工要求，基于纤维材料的抗裂特性、微膨胀的要求，将快速凝结硬化、抗裂增强、自密实、微膨胀等方面综合考虑，即配制高性能纤维增强水泥基快速修补材料，使各方面的优势同时发挥，体现复合材料的叠加效应，提高材料的综合性能。

抢修抢建特种材料

为了满足工程快速修补对材料的要求，可采用配制硅酸盐水泥-硫铝酸盐水泥复合胶凝快速修补砂浆，即在硅酸盐水泥中掺入适量的硫铝酸盐水泥，形成硅酸盐水泥-硫铝酸盐水泥复合胶凝体系，充分发挥两种水泥各自优点，既发挥普通硅酸盐水泥的后期稳定特性，又充分发挥硫铝酸盐水泥快凝早强优点，削弱各自缺陷，并在此基础上加入纤维、矿物掺合料及减水剂，使复合胶凝材料的性能满足快速修补材料对凝结时间、变形性能、流动性能及强度的要求，达到最佳配比，满足工程使用。

选取普通硅酸盐水泥和硫铝酸盐水泥，按比例配制硅酸盐水泥-硫铝酸盐水泥复合胶凝体系，在此基础上加入聚丙烯纤维、粉煤灰、硅灰等矿物掺合料、高效减水剂进行配合比计算和试验分析，得到最佳配比，满足工程使用。从试验结果和实际应用得到以下结论：

（1）复合胶凝材料的凝结时间随着硫铝酸盐水泥掺量的增加而减小。当硫铝酸盐水泥掺量在 15%～30% 之间时，复合胶凝体系的凝结时间基本上在 80min 左右，完全可以满足现场快速修补施工要求。

（2）随着复合体系中硫铝酸盐水泥掺量的增大，硫铝酸盐水泥不断发挥了它的微膨胀作用。考虑后期强度的降低，硫铝酸盐水泥掺量为 15% 为最佳。

（3）随着复合体系中硫铝酸盐水泥掺量的增大，复合胶凝体系 3d 的强度出现先增大后降低的变化趋势，当掺量为 15% 时达到峰值，这时 3d 抗折强度和抗压强度的增长率分别为 53.76% 和 53%。但是，当硫铝酸盐水泥的掺量超过 15% 时，复合体系的抗折和抗压强度都出现较大程度的下降。当硫铝酸盐水泥的掺量超过 30%～40% 时，复合体系后期强度下降较大。

（4）当在水泥复合体系中加入纤维后，复合胶砂的抗折和抗压强度都有一定程度的提高，特别是抗折强度的提高更加明显。同时，砂浆收缩变形量出现较大幅度的降低，抗折强度大大提高。

（5）复合胶凝材料中掺入硅灰后流动度明显降低，当掺量小于等于 10% 时胶砂施工性能保持良好。硅灰对复合胶凝材料 3d 抗折强度和抗压强度都有一定降低作用，但强度基本能满足实际工程强度的一般要求；28d 抗折强度随着硅灰掺量的增加有所提高；随着硅灰掺量的增加，抗压强度增大的幅度较大。

10.4　沥青混凝土路面裂缝修补技术研究与应用

沥青混凝土路面具有力学强度高、行车平稳、噪声低且不扬尘、施工速度快等诸多优点，高等级公路建设中 90% 以上是沥青混凝土路面。随着沥青路面结构使用年限的增大，路面逐渐出现裂缝、车辙、坑槽等各种病害，其中裂缝和坑槽是最主要破坏形式，严重影响行车的舒适性和安全性。

目前国内外常采用的沥青路面修补材料主要有沥青类、胶泥类、树脂类、聚氨酯类和橡胶类材料，快凝高强水泥和聚合物砂浆类，水泥混凝土表面修补材料等，相较之下又以沥青类修补材料、胶泥类修补材料应用范围最广。按"圆洞方补"原则，需要优选出能够符合原路面基层材料的沥青和胶泥材料。

沥青类修补材料主要包括改性沥青、乳化沥青、化学注浆材料等。热用沥青类材料施工作业时，只需将修补材料加热到一定温度，使用简单的容器（如灌缝壶）灌入裂缝即可达到修补目的。这类材料施工简单易行，价格便宜，但是其耐久性差，使用寿命短。冷用型沥青材料使用时不需加热，施工方便，常温下或者潮湿环境下即可进行修补作业。冷用型修补材料主要包括乳化沥青、改性乳化沥青等。其粘结性、弹性和延展性较差，耐老化性能差，使用寿命短。有机化学注浆材料作为裂缝修补材料，能够渗入到裂缝深部，具有粘结强度高、渗透性好、高低温性能稳定、耐久性好等特点。常用的有机类注浆材料主要有环氧树脂材料、丙烯酸树脂材料、聚氨酯材料等。

明确沥青混凝土路面裂缝及坑槽的具体成因后，要根据实际情况选择合适的修补材料。沥青混凝土路面裂缝及坑槽常规修补方法如下：

1）坑槽填料

坑槽填料修补方法为临时性的修补方式，即在坑槽内放置散料，然后进行简单的清理，紧急情况可不用清理，然后将沥青混合料放置其中，碾压成型。这种修补方法操作方便、快速维修，适合于冬季以及雨天等特殊天气或者坑槽数量较多、急需快速维修的情况。

2）开槽填缝

开槽填缝是传统热施工和冷施工沥青类修补材料采用的施工工艺，通过开槽、吹缝、填缝进行裂缝修补。该修补工艺修补后修补材料的粘结性能、抗老化性能不高，对初期产生的裂缝有一定的修补成效，但对开裂严重的裂缝修补后容易再次开裂。

3）坑槽挖补

坑槽挖补修补方法是常用的修补方法，首先对不规则的沥青混凝土路面进行切割，使其成为矩形，然后下挖至坑槽下受损害的部位，或者直接挖至病害最底面，以确保维修后的路面使用寿命更长。这种修补方法成本较高，需要根据工程实际合理选择。

4）密封胶贴缝

密封胶贴缝是一种快速裂缝修补方法，贴缝带密封胶加热可溶化，裂缝不需要开槽，清理干净后，将其加热贴在裂缝处则可达到防水目的。这种修补方法施工简便快速，在紧急抢修工程中常常采用。

5）压力注浆

压力注浆是一种十分快捷有效的修补方法，是通过注浆机将聚合物砂浆、化学浆液等加压注入裂缝，填充裂缝内部空隙、孔洞，达到修补裂缝的目的。

6）加铺沥青混凝土层

加铺沥青混凝土层可直接加铺，或者对基层凿毛、涂刷水泥砂浆处理后加铺沥青混凝土；为了提高界面粘结性，也可采取清扫铺洒黏层油后以热拌、热铺的方式来铺筑沥青。

10.5 海水海砂混凝土在岛礁工程中的研究及应用

海水海砂混凝土是用海水、海砂代替普通混凝土中的淡水、砂子，从而能够节约淡水，减少对环境的破坏。在岛礁工程中，原材料运输是一个比较困难的问题，为了减少原材料在海上的运输，利用岛礁现有资源进行工程建设是一个现实可行的办法。岛礁上虽然缺乏淡水、河砂以及石子，但却存有大量的海水、海砂以及珊瑚礁，海水、海砂、珊瑚礁的合理应用可以有效解决岛礁工程中的原材料短缺问题。这不仅可以就地取材，还可以减少运输成本、工程经济性好、缩短工期，而且海砂的矿物组成和地质来源与河砂相似，海水和海砂对素混凝土的强度基本没有不良影响。采用海水、海砂、珊瑚礁等天然资源加工成海水海砂混凝土有着巨大的发展前景。

得益于海水海砂混凝土的特殊优势，其已在很多重要工程中得以应用，比如大跨度桥梁工程、海港建设工程。海水海砂混凝土在安全使用期、环境适用性、工程经济合理等方面都得到了可靠的验证。但是在利用海水海砂混凝土时，需要重点解决结构的耐久性问题。第一次世界大战前，美军在太平洋地区建设军事基地时需要大量的混凝土材料，但是从大陆或者其他地方运输混凝土原材料将极大增加建设费用且周期更长，因此，美国在那时就开始研究海水海砂混凝土在工程建设中的应用。虽然海水海砂混凝土的强度能够满足工程的要求，但是由于海水海砂混凝土孔隙大、抗渗性差，导致钢筋锈蚀十分严重。

我国在海水海砂混凝土的应用方面也遭遇过失败教训。例如，在 20 世纪七八十年代，由于当地资源较为匮乏，台湾使用了较多没有被严格处理的海砂，导致之后相当长的时间内频发"海砂屋"问题。1999 年台湾发生地震，"海砂屋"的受损情况最为严重，造成了大量人员伤亡，这是我国应用海水海砂混凝土的一次惨痛教训。由于使用了不满足使用条件的海砂，混凝土结构中的钢筋出现了锈蚀，甚至造成了房屋倒塌等严重危害。"海砂屋"的主要诱因就是海砂，特别是海底砂。海底砂或多或少地含有会影响混凝土强度和耐久性的杂质，更重要的是，海底砂也含有大量的氯离子，在有水和氧气的环境下将对混凝土和钢筋产生长时间的影响。在 20 世纪 90 年代之前，我国建筑工程中混凝土拌合用砂以河砂为主，沿海个别地区即使采用海砂，也是海滩砂。河砂和海滩砂中的氯离子含量一般会低于国家标准限值，所以一般不会出现腐蚀性问题。而海底砂的氯离子含量一般介于 0.05%～0.17%之间，所以很多时候都大于国家标准的 0.06%。氯离子超标形成"海砂屋"的现象是：一方面混凝土的表面出现白色的痕迹，俗称"壁癌"；另一方面是钢筋锈蚀，锈蚀产生的张力使混凝土产生裂缝，裂缝的产生又使钢筋锈蚀进一步加快，导致混凝土保护层剥落。此类现象的直接影响是：①钢筋断面损失导致承载能力下降，当承载能力下降到极限时，结构就会发生永久性破坏；②钢筋与混凝土之间的握裹力下降，界面滑移增大，导致结构挠度超过允许的最大值；③处在工作受力条件下的钢筋，在遭受严重侵蚀时有可能发生突然断裂失效，造成严重的伤亡或财产损失。

2001 年，中国腐蚀与防护学会的肖纪美院士和洪乃丰研究员等 8 位专家，在赴我国台湾参加学术会议和调查了解所发生的"海砂屋事件"之后，写出了关于"海砂屋"问题的报告与建议。后来，柯伟院士、师昌绪院士又将该报告整理、署名后，以"工程院院士建议"方式提交有关部门。2004 年 7 月 6 日，建设部组织了"海砂屋"问题专家讨论会，并于 8 月 23 日出台了《关于严格建筑用海砂管理的意见》（以下简称《意见》）。《意见》中强调，要进一步加强对建筑用海砂管理重要性的认识，凡采用海砂的地区，建设行政主管部门要根据本地区实际情况，制定海砂应用技术措施和规范性文件，同时要严格管理制度，强化监管，对违反标准进行建筑活动的必须依法严查；大量使用海砂的地区应采用集中拌制商品混凝土，混凝土出厂前应进行氯离子含量检测；施工单位和监理单位必须严格执行建筑用砂的进场联合验收制度和用前见证取样检验制度。

"海砂屋"现象虽然会给工程结构带来非常大的影响，但在工程上也是可以预防的。其最主要的方法就是降低海砂中的氯离子含量。从技术上讲，海砂降氯并非难事，如通过淡水冲洗法、海滩堆积法、掺加阻锈剂或环氧涂层钢筋法都可以达到人工降氯的效果。另外，随着纤维增强复合材料（FRP）的发展，有人提出用 FRP 代替钢材制作 FRP-海水海砂混凝土来解决其锈蚀问题。FRP 是通过纤维材料与基体材料按一定的比例混合后形成的新型材料。在混凝土结构中，FRP 筋可替代钢筋满足结构的需求，和钢筋不同的是，FRP 筋有较好的抗腐蚀性。近年来，FRP 凭借轻质高强、耐腐蚀性好、可设计性好等优点，正逐渐被应用于原有建筑的修复加固和新建工程中，取得了良好的经济和社会效益。

我国在海水海砂混凝土的研究方面也取得了许多成果。2014 年南京航空航天大学科研团队配制出强度等级为 C30～C55 的全珊瑚海水混凝土，目前该团队已将全珊瑚海水混凝土的最高抗压强度等级提高到 80MPa。武汉理工大学科研团队提出采用浆体包裹多孔集料新技术，在很大程度上改善了骨料与水泥浆体界面粘结性能，制备了耐久性能和受力性能优良的海水海砂混凝土，并创新性利用高吸水性树脂吸收海水后成球的技术，经表面处理制成"海水集料"，成功应用于岛礁工程混凝土施工，在不降低工程质量的前提下，大大提高了建设效率，降低了工程建设成本。

普通河砂在世界范围内已经被大量开采，资源大量消耗已近枯竭。与此同时，海砂已逐渐替代传统建筑用砂，成为混凝土工程重要的原材料。目前海砂资源因分布广、规模大、品质优、运输方便等优点，得到了广泛地开发并被工程人员应用在工程实践中。日本、英国等许多淡水资源比较稀缺的国家和地区已经普遍使用海砂配置混凝土，并逐渐发展形成了比较成熟的海砂淡化技术。20 世纪前半叶，日本便开始着手研究将海砂运用在混凝土工程中。到 21 世纪初，日本新建的沿海混凝土工程中有 90% 以上使用了海砂混凝土。在日本关西机场和成田机场的建设中也大量应用了海砂作为回填材料以及混凝土细骨料。在岛礁军事工程中，海砂可以在一定程度上用于军用机场的建设和抢修抢建中。英国对海砂用于混凝土原材料的研究历史也较长，人们熟知的泰晤士河道的栅栏板等便应用了海砂混凝土。地处中亚沙漠滨海地带的阿联酋迪拜，在棕榈岛填海工程中大量采用了海砂混凝土。其用大型疏浚船在波斯湾就地开采海砂资源，然后利用海砂吹填技术建造了规模较大的岛屿基础。此外，丹麦大贝尔特跨海大桥在建造过程中也使用了海砂混凝土。

我国在 20 世纪 80 年代山东三山岛金矿建设过程中，由于当时无法得到河砂，只能全部使用当地海砂，为了解决混凝土强度和耐久性问题，当时进行了综合性防盐腐蚀措施，至今工程仍满足使用要求。在广西钦州康熙岭海堤附近，海砂的氯离子含量为 0.165%～0.279%，海水对混凝土的侵蚀性非常大，一般海砂采用常规的水泥混凝土建造工艺的话，不但经济投入较大，而且抗侵蚀性和抗渗透性能较差。经项目部研究决定，该段海堤通过采用高强、高耐水土体固结剂固结原状海砂的施工工艺，进行了堤顶路面和内护坡浇筑试验工程建设，取得了较好的经济社会效益。

海水海砂混凝土已经成为土木工程建设材料中重要的一部分，对于海岸附近和岛礁上的建筑物，用海砂替换传统河砂并用海水浇筑混凝土，不仅可以减少开采和运输成本促进经济发展，而且有效解决了河砂资源短缺的问题。目前学术界和工程界关于海砂混凝土的许多性能仍然未有统一定论，这表明海砂混凝土有很大的研究价值和工程应用前景。我国这方面起步较晚，目前已取得了一定的成就，但还亟须加大海水海砂混凝土的研究力度，加快研究进程，推动我国沿海岛礁工程建设，构筑强大的海防阵地。

10.6 FRP 外包混凝土拱在野战防护工程中的研究及应用

拱作为一种特殊的受力结构形式，拱形结构相比于其他结构构件具有更优异的受力性能，因而混凝土拱结构常被用于营建各类地下防护工程，如图 10-1 所示。利用新型材料来提高混凝土拱形防护结构应对爆炸、冲击等的抗打击性能，以及修复遭受爆炸作用的受损拱形防护结构，具有十分重要的实际工程意义，是一种改进爆炸荷载作用下混凝土防护拱的动力响应行为的创新方法。

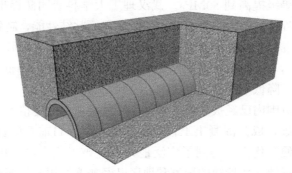

图 10-1　地下拱形防护工程

新型纤维增强聚合物（FRP）多年来一直应用于改造混凝土结构。事实证明，FRP加固方法对于提高砌体拱的强度和修复老旧拱是有效的。外粘 FRP 条加固混凝土拱可使拱的破坏荷载增加 40%。外粘 CFRP 片材可以限制混凝土拉伸裂缝的发展。粘结/锚固加固方法使严重损坏的埋地钢筋混凝土拱具有与完好的拱相似的承载能力。新型无钢筋复合拱在桥梁或埋拱结构中表现出优异的性能。采用 FRP 包裹后，内部混凝土结构的承载能力大大提高，混凝土与 FRP 共同抵抗剪力，可用于建造 CFRP 包裹混凝土复合拱。由于CFRP 优异的抗腐蚀性，在海岸工程中具有优先地位，而在人防工程中，CFRP 可以限制水泥在冲击下的断裂和混凝土剥落。空心 CFRP 管拱可以预制并在现场轻松架设以构建拱结构，然后混凝土可以在现场浇筑并填充到 CFRP 管中。使用 CFRP 管拱成本高，但这样可以节省混凝土模板，从而降低施工成本。

目前已有学者对利用 CFRP 材料不同的加固方法来增强混凝土拱的抗爆性能展开了系统研究。常见的加固方法如图 10-2 所示，在拱内侧沿纵向粘贴 CFRP 布（Ⅰ型）、在拱内侧沿纵向粘贴 CFRP 布的基础上增加横向 CFRP 布约束（U型）、在拱内侧沿纵向粘贴CFRP 布的基础上增加环向 CFRP 布约束（O型）。横向及环向增加的 CFRP 布的主要作用是约束纵向 CFRP 布，防止在爆炸冲击波的作用下发生脱粘失效。此外，还有先在拱内侧沿纵向粘贴 CFRP 布，然后运用钢板和铆钉对 CFRP 布进行机械锚固的复合加固方式。

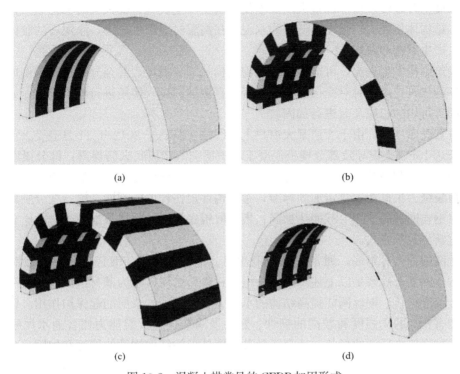

图 10-2 混凝土拱常见的 CFRP 加固形式

(a) Ⅰ型 CFRP 加固；(b) U 型 CFRP 加固；(c) O 型 CFRP 加固；(d) 钢板-CFRP 复合加固

　　研究发现，O 型 CFRP 加固能最大程度地提高混凝土拱结构应对爆炸荷载时的抗力，其次抗爆性能较好的是 U 型 CFRP 加固的混凝土拱，因此在野战工程中应优先使用这两种 FRP 外包拱来营建野战防护工程。在爆炸荷载作用下，采用Ⅰ型加固时沿纵向粘贴的 CFRP 布往往会脱粘剥落，造成其加固效果不能充分发挥出来。因此应尽量避免采用单一粘贴 CFRP 布的加固方式，对于在修复已有拱形防护工程时无法增加横向和环向 CFRP 布的情况，可通过增加钢板锚固的方式来限制内贴 FRP 布的剥落。

　　南京新机场高速公路禄口高架桥的修补工程中便应用了这一技术。该桥第 111-112 导墩的上部结构为预应力钢筋混凝土板梁结构，跨径 20m，桥宽 12m。由于桥下失火导致板梁底部混凝土剥落，部分钢筋外露。修复时将烧伤的混凝土凿除至混凝土密实及损伤处，对暴露的钢筋除锈并用环氧砂浆修补复原，然后在表面粘贴一层 TXD-C-20 型碳纤维片封闭。整个修补过程只用了 5d 时间，十分高效。

　　徐州铁路某大桥钢筋混凝土梁补强、扬州江都大桥箱梁补强等修补工程都使用了高强度碳纤维布进行了修补加固，快速高效，修补效果优良。除此之外，北京人民大会堂大礼堂舞台框架梁补强、南京地质博物馆因结构构件超出使用年限而进行加固等工程也采用了性能优良的碳纤维布进行补强加固，也都获得了良好的效果。

10.7　火灾后建筑结构加固技术及应用

　　火灾对建筑结构的破坏主要来源于三个方面：①着火后建筑结构表面温度迅速升高，

而内部温度上升较慢，内外部过大的温差使混凝土产生裂缝；②火灾时会迅速汽化结构中的水分，结构体积变大，强度降低；③水泥石在高温时会产生分解，水泥石的胶体结构遭受破坏，产生裂缝和破坏。

当建筑结构发生火灾，可能造成建筑物结构的部分损坏，甚至导致建筑的倒塌。对于部分损坏的建筑，应及时对受损建筑物是否能直接继续投入使用进行相关鉴定，如鉴定结论为加固后可用的，应及时进行加固。

某电器仓库厂房，由于2层某大窗户上方线路短路，于2012年11月遭受火灾，火灾持续时长达18h。火灾导致部分楼板混凝土保护层剥落，板底纵筋裸露；部分梁底部顺筋开裂，受力纵筋和箍筋局部外露；部分柱损伤严重，钢筋外露明显，混凝土表面龟裂，形成网状粗裂缝。根据相关鉴定加固标准，考虑构件损伤程度的不同，梁、柱分别采取高强复合砂浆钢丝网加固、加大截面法加固；板采取板底挂钢丝网抹灰加固，凿除原有混凝土结构后重新浇筑等方式。

钢丝网的种类有很多，通常有高强钢丝网、不锈钢丝网、镀锌钢丝网、镀铜钢丝网等。而钢丝网复合砂浆是以上述钢丝网为增强材料，水泥砂浆为基材组成的薄层结构，属无机复合胶凝材料。钢丝网能提高结构的承载力和刚度，砂浆层能起保护作用。钢丝网复合砂浆拥有较高的比强度和较高的韧性、延性及耐久性，抗裂能力比普通水泥砂浆大得多，容易被浇筑成任意的形状，适合于各种轮廓外形的结构构件的修复和加固。

某框架结构的车间于2012年1月中旬发生火灾，起火位置位于车间外部货物堆放处，火势通过货物向车间内部蔓延，最终引起整座楼的大火。从发现起烟至火完全扑灭约3h，结构火灾损伤严重。根据相关鉴定加固标准，进行了承载力验算，框架柱采用增大截面和外包角钢的方法进行加固，以提升结构整体刚度和承载力；框架梁采用粘贴钢板和粘贴碳纤维的方法进行综合加固，以增强梁的承载能力和变形能力；并对加固后的建筑结构进行了抗震性能分析，满足要求。

某剪力墙房屋，现场电焊作业时，电工不慎将焊渣从预留洞口溅落至一层商铺内，焊渣附着在材料上引起火灾。部分剪力墙、梁及板表面混凝土脱落严重，部分构件表面混凝土几乎全部脱落，钢筋严重外露。剪力墙构件采用水泥基注浆料加固。框架梁及板采用碳纤维进行加固。

水泥基注浆材料具有高流动性和高强度，适用于剪力墙这种截面较小构件的加固。常用的加固用水泥基注浆材料，按胶凝材料可分为三类：

（1）以普通硅酸盐水泥为主，不掺硫铝酸盐水泥，其凝结速度较慢、硬化收缩较大、早期强度相对较低；

（2）以硫铝酸盐水泥为主，不掺普通硅酸盐水泥，其早期强度高，但其凝结硬化快，流动性能一般无法满足要求，需要使用高性能减水剂；

（3）复掺普通硅酸盐水泥及硫铝酸盐水泥为胶凝材料，其能够有效避免单一种类胶凝材料注浆料的缺点，具备综合性优势。

10.8 模块化箱式房抢建技术及应用

模块化箱式房是一种可移动、能重复使用的建筑产品，也称为"组合箱式房"或"集装箱式房"等。模块化箱式房最初来源于废弃的集装箱,早期的集装箱主要用在海运中,由于油漆脱落、箱体锈蚀损耗等,每年有大量集装箱闲置在码头,造成浪费。但这些集装箱主体框架结构还在,有利用价值,进而出现了由二手集装箱改造的低层集装箱临时住房、展厅、酒吧、商店等。

模块化箱式房是适应新时代的新产品。模块化箱式房是以标准箱体为基本单元,像搭积木一样可以随意进行横向或纵向自由组合,空间布局灵活、功能预制,实现了使用功能多样化,应用领域多元化。模块化箱式房结构部分由角柱、屋面结构(顶框主梁、顶框次梁)、地面结构(底框主梁、底框次梁)构成,构造部分由屋面板、墙板和地板构成。

热轧和冷轧是钢板或型材成型的不同方法,不同的加工方法对钢材的组织和性能有较大影响。钢的轧制主要以热轧为主,冷轧通常只用于生产小号型钢和薄板等尺寸精密的钢材。箱体结构的柱和梁一般采用镀锌冷轧型钢。

与活动板房相比,模块化箱式房具有安全可靠、施工便利、性能优良、运输方便、应用广泛、节能环保等诸多优点,其中最为突出的特点是施工速度快、效率高。

2020年建成的武汉火神山医院是应对新型冠状病毒肺炎疫情的应急传染病医疗救治中心,采用装配式技术,从设计到完成建设仅用10d。不同于2003年的小汤山医院建设(轻钢骨架与复合板搭建方式),火神山医院采用装配式的建造策略。为适应快速装配建造的需求,采用模块化箱式房建造。选用的模块化箱式房结构部分由角柱、屋面结构(顶框主梁、顶框次梁)、地面结构(底框主梁、底框次梁)构成,构造部分由屋面板、墙板和地板构成。角柱和各种梁采用镀锌冷轧型钢,屋面板采用双层50mm厚夹心复合保温板,墙板采用单层75mm厚夹心复合保温板,地面采用双层50mm厚彩夹心复合保温板。以6.0m×3.0m×2.9m的标准模块拼接形成标准单元,再拼接成开间、进深、功能不同的其他模块,满足传染病医院的救护要求。

2020年年初,北京市委、市政府决定在原小汤山医院的基地上重新建设应对新型冠状病毒肺炎疫情的临时战略储备病房。该项目的首要目标是快速建设、快速投产。因此选用模块化箱式房。本项目病房区和医护办公区全部采用6.00m×3.00m×2.95m的标准箱式房;医技区由于层高要求,采用6.00m×3.00m×4.40m的订制箱式房。仅用3d就完成3000余箱式房的安装和固定。从2020年1月30日决策开始建设到2020年3月16日正式投入使用,整个项目的建设周期不足50d。

模块化箱式房除了在应急医院等临时建筑中得到应用以外,在公寓等建筑领域也得到了推广。2022年3月30日,目前全国最高最大的模块化建筑——北京亦庄蓝领公寓项目(北京市重点工程)首个模块化箱式房屋吊装就位,标志着项目进入全面快速建设阶段。该项目采用的模块化箱式房屋装配建造工艺酷似"搭积木"。现场搭接"积木",免搭建脚手架和模板,免焊接,绿色环保,建筑垃圾少。同时,其可拆卸、可更换、可回收,极大降低入住后的维护成本。

参 考 文 献

[1] 湖南大学. 土木工程材料 [M]. 2版. 北京：中国建筑工业出版社，2011.

[2] 洪向道. 新版常用建筑材料手册 [M]. 北京：化学工业出版社，2006.

[3] 马保国，刘军. 建筑功能材料 [M]. 武汉：武汉理工大学出版社，2004.

[4] 王福川. 新型建筑材料 [M]. 北京：中国建筑工业出版社，2003.

[5] 胡曙光. 特种水泥 [M]. 武汉：武汉理工大学出版社，2010.

[6] 雍本. 特种混凝土施工手册 [M]. 北京：中国建材工业出版社，2004.

[7] 岳清瑞. 碳纤维增强复合材料加固修复钢结构性能及工程应用 [M]. 北京：中国建筑工业出版社，2009.

[8] 王文炜. FRP加固混凝土结构技术及应用 [M]. 北京：中国建筑工业出版社，2007.

[9] 王元丰. AFRP约束混凝土柱性能理论 [M]. 北京：科学出版社，2011.

[10] 张洪波. 快凝快硬高强混凝土的制备与性能 [D]. 重庆：重庆大学，2014.

[11] 白伟亮. 磷酸镁水泥应用于结构修补加固的研究 [D]. 北京：北京工业大学，2017.

[12] 江丽君. 快速修补材料施工工艺与施工方法研究 [D]. 沈阳：沈阳建筑大学，2015.

[13] 耿飞. 水泥混凝土道面结构收缩补偿与裂缝修复研究 [D]. 南京：南京航空航天大学，2013.

[14] 刘勇. 沥青混凝土路面快速维修施工的技术研究 [D]. 济南：山东大学，2013.

[15] 庞绮玲. 沥青混凝土路面裂缝修补技术研究 [D]. 广州：中南大学，2013.

[16] 王静. 沥青混凝土路面坑槽修补技术的应用研究 [J]. 道路工程，2016（30）：12-13.

[17] 马东东. 改性聚氨酯注浆加固材料的制备及其性能研究 [D]. 合肥：合肥工业大学，2015.

[18] 甄泽强. 水玻璃类浆材注浆性能及工程应用研究 [D]. 太原：太原理工大学，2014.

[19] 陶峰. 土聚水泥及其制品性能研究 [D]. 镇江：江苏大学，2017.

[20] 卜良桃. 建筑结构检测鉴定与加固概论及工程实例 [M]. 北京：中国环境出版社，2013.

[21] 敬登虎，曹双寅. 工程结构鉴定与加固改造技术 [M]. 南京：东南大学出版社，2015.

[22] 中华人民共和国住房和城乡建设部. 混凝土结构设计规范：GB 50010—2010（2015年版）[S]. 北京：中国建筑工业出版社，2015.

[23] 中华人民共和国住房和城乡建设部. 混凝土结构加固设计规范：GB 50367—2013 [S]. 北京：中国建筑工业出版社，2013.

[24] 中国工程建设标准化协会. 火灾后工程结构鉴定标准：T/CECS 252—2019 [S]. 北京：中国建筑工业出版社，2019.

[25] 中国建筑标准研究院. 混凝土结构加固构造：13G311-1 [A]. 北京：中国计划出版社，2013.

[26] 林小兵. 某厂房火灾后结构的鉴定与加固设计 [J]. 广东土木与建筑，2021，28（4）：10-13.

[27] 王佳，罗小勇. 钢丝网复合砂浆加固混凝土结构研究 [J]. 施工技术，2007（05）：20-22.

[28] 钱胜力. 多层工业厂房火灾后加固设计与抗震性能分析 [J]. 科学技术与工程，2021，21（14）：5886-5897.

[29] 曾繁文. 某建筑火灾后结构受损检测及加固 [J]. 工程质量，2022，40（03）：66-69.

[30] 邱韵. 多层模块化箱式房屋抗震性能研究 [D]. 南京：东南大学，2019.

[31] 袁理明. 武汉雷神山医院结构设计 [J]. 建筑结构，2020，50（08）：1-8.

[32] 汤群. 火神山医院设计及疫后医疗设施建设的思考 [J]. 新建筑，2021（01）：31-35.

[33] 张豪. 北京小汤山医院应急战略储备病房——基于装配式模块化箱式房屋设计实践的思考 [J]. 建筑创作，2020（04）：120-127.

［34］ 智能建造！北京首个高层模块化箱房建筑首吊成功［EB/OL］. http：//www. cbminfo. com/mo-bile/xyxxh39/znzz14/7148609/index. html.

［35］ 李红英. 复合胶凝材料配制快速修补材料性能研究［J］. 混凝土与水泥制品，2014（04）：6-10.

［36］ 肖恒恒. CFRP 加固钢筋混凝土箱梁受力状态特征分析［D］. 哈尔滨：哈尔滨工业大学，2020.

［37］ 张海瑜. CFRP 修复连续倒塌 RC 框架结构的试验及方法［D］. 哈尔滨：哈尔滨工业大学，2017.

［38］ 李师财，于泳，金祖权. 海水海砂混凝土力学性能与耐久性研究综述［J］. 硅酸盐通报，2020，39（12）：10.

［39］ 施养杭，王丹芳，吴泽进. 海砂混凝土及其耐久性保护［J］. 工程力学，2010（A02）：212-216.

［40］ 黄亮，谢建和，陆中宇. 海水海砂混凝土研究现状与应用前景［J］. 混凝土，2020（9）：6.

［41］ 关国浩，王学志，贺晶晶. 海水海砂混凝土研究进展［J］. 硅酸盐通报，2022，41（5）：11.